中原工学院学术专著出版基金资助

基于聚类分析的磁共振图像分割与有偏场估计

JIYU JULEI FENXI DE CIGONGZHEN TUXIANG FENGE YU

YOUPIANCHANG GUJI

廖亮 刘欣 ／著

吉林大学出版社

·长春·

图书在版编目（CIP）数据

基于聚类分析的磁共振图像分割与有偏场估计 / 廖亮，刘欣著. --长春：吉林大学出版社，2022.9
ISBN 978-7-5768-0712-7

Ⅰ. ①基… Ⅱ. ①廖… ②刘… Ⅲ. ①核磁共振成像—图像分割—研究 Ⅳ. ①TN911.73

中国版本图书馆CIP数据核字（2022）第186916号

书　　　名：	基于聚类分析的磁共振图像分割与有偏场估计
	JIYU JULEI FENXI DE CIGONGZHEN TUXIANG FENGE YU YOUPIANCHANG GUJI
作　　　者：	廖亮　刘欣　著
策划编辑：	黄国彬
责任编辑：	刘守秀
责任校对：	田茂生
装帧设计：	卓　群
出版发行：	吉林大学出版社
社　　　址：	长春市人民大街4059号
邮政编码：	130021
发行电话：	0431-89580028/29/21
网　　　址：	http://www.jlup.com.cn
电子邮箱：	jldxcbs@sina.com
印　　　刷：	永清县晔盛亚胶印有限公司
开　　　本：	787mm×1092mm　　1/16
印　　　张：	7
字　　　数：	170千字
版　　　次：	2023年5月　第1版
印　　　次：	2023年5月　第1次
书　　　号：	ISBN 978-7-5768-0712-7
定　　　价：	48.00元

版权所有　　翻印必究

前 言

随着医学图像在临床上的成功应用，图像分割在医学图像处理和分析中的作用也越来越重要。医学图像分割就是把医学图像划分为一系列彼此不交叠的区域，它是其他高层医学图像处理问题诸如特征配准、结构分析、运动分析、三维重建等的基础。分割后的图像可以被广泛地应用在各种场合，如组织容积的定量分析、计算机辅助诊断、计算机引导手术、病变组织的定位、局部容积效应的矫正等等。

由于解剖结构复杂多样，同时由于成像设备和成像技术的制约，医学图像不可避免地受到各种退化因素的影响，其退化因素包括噪声、局部容积效应和有偏场效应等。所以尽管图像分割算法种类繁多，并且在一定程度上取得了某种成功，但是依然不能满足医学图像高层应用对分割结果的要求。

针对医学图像的特点和分割结果分段光滑的要求，本书深入研究了基于核聚类分析的图像分割算法，并在分割的过程中对图像的灰度有偏场进行了纠正。本书的工作对传统的算法进行了分析和改进，提出了用于图像分割的快速核聚类算法，新算法和传统方法相比具有潜在的优越性。

首先，本书研究了在核聚类算法中应用 Markov 随机场理论提高聚类有效性的方法。该方法通过适当的图像空间特征构造随机场标记的先验势能，基于模糊理论提出了改进的 MLL 模型，并将其应用在 KFCM-II 算法中。改进算法在核聚类目标公式中引入了基于 Markov 场的补偿项，作为分割的空间约束，空间补偿项中的 Gibbs 分布与聚类所使用的高斯核具有相似的形式，因而具有直观的联系和解释，可以合理地确定图像的空间约束，从而得到分段光滑的聚类结果。

其次，由于传统的核聚类算法用于图像分割时需要进行大量的计算，因而有必要研究快速核聚类算法。本书提出一种快速核聚类算法用于医学图像的分割，该算法首先使用一种数据分类的方法将图像的像素/体素进行划分，从而减小了有效输入数据的个数。此外，该算法中所用到的核距离平方展开式也被简化了，这种简化用一个常数代替了用以描述样本集自身紧密度的加权和，在这两个简化的基础上可以得到新的隶属度迭代公式，这种快速算法大大提高了核聚类的时间效率。另外，聚类的中间结果还可以用来进行图像灰度有偏场的估计。本书中灰度有偏场和加性噪声的综合影响被定义为复合有偏场，在对数形式下，通过最小化聚类目标公式，可以得到使用聚类残差表示的复合有偏场，并在聚类过程中完成图像的矫正。矫正后的图像可以进一步减小像素特征的分类数，从而在迭代中得到不断减少的有效输入数据，从而加速聚类过程。这种使用图像矫正的聚类算法较之传统方法也更容易得到准确的分段光滑的结果。

类似地，本书还提出一种使用聚类典型数据来线性表示核聚类中心的快速聚类算法——

KFCM-III。该算法除了使用像素分类的方法来加速聚类的过程外,还以隶属度为原则,使用典型数据的映射点来线性表示核聚类中心。使用聚类典型数据表示核聚类中心降低了 KFCM-I 算法中核聚类中心表示的复杂度,从而简化了映射点与核聚类中心间欧几里得距离的表示式。KFCM-III 算法可以结合聚类典型数据和像素分类两种方法来加速聚类的过程,并控制与 KFCM-I 算法逼近的程度。因此 KFCM-I 算法实际上是 KFCM-III 算法的聚类典型数据取整个样本集的一个特例。当聚类典型数据集较小且比较紧密时,KFCM-III 算法的聚类性能类似于 KFCM-II 算法,该算法假设在输入空间中可以得到核聚类中心的原像,从而将高维空间中的核聚类近邻测度简化为在输入空间中度量。本书证明了在欧几里得距离最小原则之下,KFCM-II 算法的聚类中心实际上是 KFCM-I 算法的聚类中心的近似原像。因此在本书提出的 KFCM-III 算法中,通过选择合适的聚类典型数据,不仅可以加快聚类的速度,而且可以得到更佳的聚类结果,因此新算法具有更加广泛的意义,并且在计算效率和聚类模型上具有优势。

在本书的工作中,使用新算法对大量 MRI Phantom 数据和临床图像进行了广泛实验,并取得较好的效果,另外还就核聚类算法的初始化问题进行了讨论,针对高斯核提出了参数 σ 的估计方法,并给出了各种快速算法下该估计方法的变形,这些参数估计对于给出适合的参数区间具有指导意义。

本书的内容和出版受到空天地海一体化大数据应用技术国家工程实验室开放课题基金 (20200206)、河南省"机器学习与图像分析"工作室项目 (GZS2022012) 以及中原工学院学术专著出版基金的部分资助。

廖亮,刘欣
2022 年 2 月

目 录

1 绪论   1
- 1.1 前言 1
- 1.2 MRI 图像的特点和分割目标 2
  - 1.2.1 MRI 图像的特点 2
  - 1.2.2 颅脑组织的分布和分割的目标 4
- 1.3 医学图像分割的常用方法和分类 5
  - 1.3.1 基于模糊理论的图像分割 6
  - 1.3.2 基于形变模型的分割 6
  - 1.3.3 基于随机场的分割方法 7
  - 1.3.4 基于核函数的分割方法 7
- 1.4 医学图像分割算法的评估 8
  - 1.4.1 具有标准分割结果的临床数据 8
  - 1.4.2 具有标准分割结果的仿真数据 9
- 1.5 意义和贡献 9
- 1.6 本书的结构安排 10

2 基于聚类分析的分割   12
- 2.1 聚类与模糊聚类的概念 12
- 2.2 基于代价函数的聚类算法 13
  - 2.2.1 基于混合模型的概率聚类 13
  - 2.2.2 高斯混合模型的 EM 聚类 15
  - 2.2.3 模糊聚类 16
- 2.3 模糊 C 均值聚类 (FCM) 算法 17
- 2.4 模糊 C 均值聚类的缺点和改进 18
- 2.5 本章小结 18

3 基于 Mercer 核的聚类算法   19
- 3.1 引言 19

3.2 Mercer 定理与 Mercer 核 20
3.2.1 Mercer 映射 20
3.2.2 正定条件与 Mercer 核 21
3.3 近邻度量与基于核函数的度量 22
3.3.1 相似性测度以及不相似性的度量 22
3.3.2 基于 Mercer 核的测度 23
3.4 基于 Mercer 核的模糊 C 均值聚类 24
3.4.1 特征空间距离展开式与聚类算法 24
3.4.2 聚类目标公式和隶属度的迭代式 25
3.5 核聚类算法的改进 26
3.5.1 KFCM-II 算法 26
3.5.2 Mercer 映射中原像的问题 27
3.5.3 KFCM-II 聚类初始化 28
3.5.4 高斯核 σ 参数的确定 31
3.6 FCM 和 KFCM-II 的实验结果及讨论 32
3.7 本章小结 35

4 空间约束的核聚类图像分割算法 36
4.1 引言 36
4.2 使用空间约束的 KFCM-II 聚类 36
4.3 使用 Markov 场进行空间约束的 KFCM-II 算法 39
4.3.1 邻域系统和势团的定义 39
4.3.2 基于两点势团的空间约束 41
4.3.3 聚类参数的确定 43
4.3.4 实验结果及分析 44
4.4 本章小结 59

5 结合有偏场纠正的快速核聚类算法 61
5.1 引言 61
5.2 空间约束的快速核聚类算法 62
5.2.1 特征空间的核距离展开式 62
5.2.2 简化的核距离平方展开式 63
5.2.3 数据分类及数据的空间约束 64
5.2.4 灰度有偏场的纠正 66
5.2.5 SFKFCM 算法的归纳 68

5.3	实验和讨论	69
	5.3.1　对 Brain MRI Phantom 的实验	69
	5.3.2　灰度矫正及其对聚类效能的影响	70
	5.3.3　对真实临床图像的实验	72
5.4	本章小结	74

6　基于聚类典型数据的快速核聚类算法　　75

6.1	引言	75
6.2	基于聚类典型数据的快速核聚类算法	76
	6.2.1　核距离平方展开式的简化	76
	6.2.2　KFCM-III 算法	77
6.3	聚类典型数据的多样性和数据分类方法	78
6.4	KFCM-III 算法中高斯核参数的估计	79
6.5	实验	80
	6.5.1　在合成图像上实验	80
	6.5.2　对 Brain MRI Phantom 数据的实验	83
	6.5.3　运行时间的比较	85
6.6	本章小结	87

7　结论与展望　　88

参考文献　　90

1 绪论

1.1 前言

图像分割是将图像分割为一系列具有相互不交叠的区域,这些区域具有相似的特征,例如灰度、色彩、纹理、局部统计特征或频谱等。图像分割作为图像处理以及机器视觉的一个基本问题非常有挑战性。图像分割的最终目标是把具有相似特征的像素划分为同一个区域,并且把该区域和其他区域以及图像的背景区分开来。由于被分离的图像区域有时并不包含明确的图像语义,所以在图像处理的过程中,图像分割技术通常是作为一个底层处理步骤,对高层的图像模式识别任务至关重要,往往对其最终性能起着决定性的作用。

随着信息处理技术的不断发展,临床诊断越来越多地依赖于各种医学图像,而医学图像作为一种无入侵的检查手段,可以通过提供高分辨率的人体组织结构信息而在临床治疗和治疗计划中发挥积极作用。例如磁共振成像 (magnetic resonance imaging, MRI)、计算机断层扫描 (computed tomography, CT)、正电子发射断层扫描 (positron emission tomography, PET) 等手段已为成像体的解剖结构提供了一种有效的描述方式。

随着医学图像在分辨率和数量上的不断增长,使用计算机来描绘人体的解剖结构和感兴趣的区域,以便完成某种特定的医学任务已经成为必然。图像分割技术为医学图像的识别和分析提供了必要的底层信息。

作为图像处理和机器视觉的一个重要的基本问题,医学图像的分割研究可以应用于多种场合,例如组织容积的测量、诊断、病变区域的定位、解剖结构研究、功能成像数据局部容积的矫正、图像配准、结构分析、运动分析等,以图像为基础的机器引导手术、治疗规划、治疗评估等也是建立在准确的图像分割结果之上的。

由于医学图像的多样性和复杂性,加上各种成像设备和成像技术的特点各不相同,虽然针对图像分割领域的算法种类繁多,但是经典的基于区域和边界的算法仍然不能充分利用图像的全部信息,难以完全描述各种图像性质的差别,同时由于人们对分割结果的要求不同,所以依然没有通用的图像分割方法和理论,只能根据具体的问题和要求合理地设计算法,再对算法和结果的各种指标做出相应的权衡。

图像分割实际上是对输入的像素/体素 (pixel/voxel) 进行类型标记的过程。分割的结果使人们对图像中感兴趣的区域 (region of interest, ROI) 有了更加直观和深刻的认识,从而为进一步的高层应用提供了可靠的依据。

1.2 MRI 图像的特点和分割目标

1.2.1 MRI 图像的特点

MRI 图像作为临床颅脑检查的有效手段可以形成多平面多方向的图像，其数据分辨率高、软组织对比度高，可以提供其他成像技术难以匹敌的分辨率，对病灶的定位更加准确，可以提供更加准确的颅内病理和生理信息。图1.1所示为脑部在轴向 (tansverse)、冠状 (coronal) 和矢状 (sagittal) 三个方向的 MRI 切片。

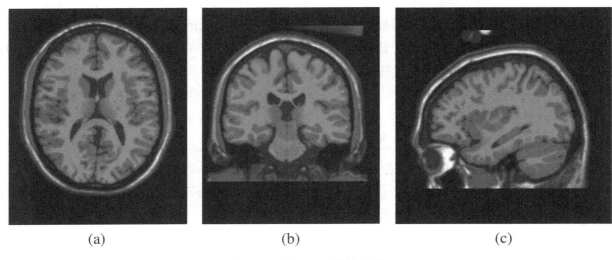

图 1.1 脑部 MRI 不同切面图
(a) 轴向图； (b) 冠状图； (c) 矢状图

当进行脑部 MRI 成像时，成像体将被置于 MRI 磁体产生的外部磁场中。在静磁场中成像体组织的质子运动具有一个特征频率，该质子特征频率是磁场强度的函数，和成像体的组织无关。当成像体被施加一个特征频率的激励磁场时，质子将吸收射频能量，并改变其磁矩朝向。当外加的激励磁场撤销后，质子将释放射频能量并恢复到稳定状态，释放出来的能量可以使用外部射频线圈来测定。产生共振的原子核不同特性的弛豫时间有三种——自旋晶格 (spin-lattice 或 T1) 弛豫时间、晶格-晶格 (spin-spin，或 T2) 弛豫时间和质子密度 (proton density，PD) 弛豫时间。

这些不同的特征被接收线圈捕获，可以产生三种模态的图像，即 T1 加权、T2 加权和 PD 加权图像。不同模态的图像可以产生不同的对比度。通常 T1 加权图像可以在相同的成像时间内获得更高的分辨率，同时保持软组织成像对比度高和低噪声的特点，因此通常选用以 T1 加权数据为主的图像分割算法，而其他模态的 MRI 数据可以为区分解剖结构提供额外的多通道信息。由不同模态图像组成的多谱 (高维) 图像通常能够提供更丰富的解剖信息，因此对多谱图像进行分割时通常可以获得比使用单通道图像更高的准确率。然而，很多情况下，由于多谱图像的缺失以及获得图像的成本问题，正确分割单通道图像也是至关重要的，也是一个被广泛研究的课题。如图1.2(a)、(b)、(c) 分别为脑部轴向 T1、T2 和 PD 加权的 MRI 图像。

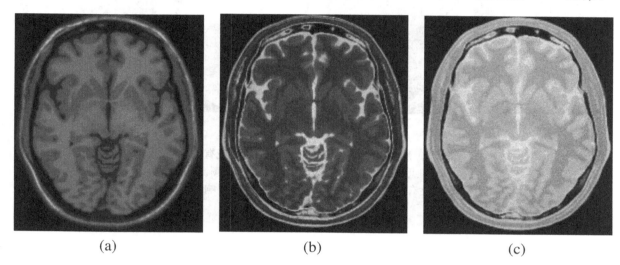

图 1.2 MRI 不同模态的成像脑部轴向图
(a) T1 加权；　(b) T2 加权；　(c) PD 加权

尽管 MRI 数据具有种种的优越性，但是由于成像条件的限制和技术的制约，依然不可避免地受到各种退化因素的影响。这些退化因素包括随机噪声、局部容积效应 (partial volume effects) 和灰度有偏场 (intensity bias field) 的影响。这些退化因素的存在使得图像灰度的分布具有模糊性和不确定性。通常需要使用其他手段对这些退化因素进行估计并对退化的数据进行矫正。例如在 MRI 数据的成像过程中，由于磁场和成像体电磁特性的不均匀，成像数据也将不可避免地带有不均匀性，通常这种不均匀性表现为图像灰度上的一个低频率变化的灰度偏移，并可被建模为一个在整个图像域缓慢变换的乘性场 (multiplicative bias field)。

如图1.3所示，图 (a) 为比较理想的 MRI 脑部轴向图像，图 (b) 为受到有偏场影响的图像。图 (a)、(b) 两者在图像域上只有细微缓慢的灰度差别，通常这样的差别对有经验的医生进行图像定性判断影响不大，但是却可以严重影响依赖于机器识别的定量分析。图 (c) 是对应图像 (b) 的有偏场，其中高亮度的区域对应于数值高的部分。图 (d) 为受加性噪声影响的图像。

此外图像受到局部容积效应的影响，也将造成同类区域中像素灰度分布上的偏差，这种偏差将带来图像灰度的模糊性，这种模糊性表现为 ① 灰度上的模糊性，即同一种组织的灰度也会出现分布上的变化；② 几何上的模糊性——由于在组织边界上的体素通常包含多种成分，因此图像中物体的边缘、拐点等都难以精确地界定；③ 知识的不确定性，例如模型自身描述能力的不完善和知识上的欠缺也将带来分割对象的模糊[1-2]，所以图像中的区域并非总是能被明确地划分。

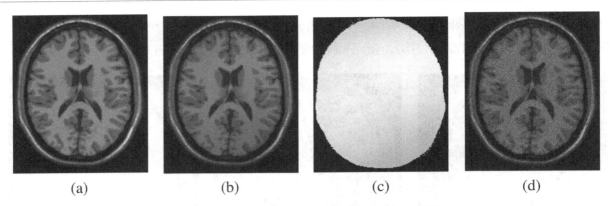

图 1.3 脑部轴向 MRI 图像和各种退化图像及有偏场
(a) 理想的 MRI 图像； (b) 受有偏场影响的图像；
(c) 灰度有偏场的图像表示； (d) 受加性噪声影响的图像

1.2.2 颅脑组织的分布和分割的目标

按照 Brain Web MRI 的仿真模型[3-5]，正常脑部图像除了图像背景外，可以分为脊髓液 (cerebrospinal fluid, CSF)、灰质 (grey matter, GM)、白质 (white matter, WM)、脂肪、肌肉、皮肤、颅骨、神经胶质、连接组织共 9 类型。其中，对于大多数脑部 MRI 切片而言，颅内中脊髓液、灰质和白质占了图像体素的大部分。因此准确地度量脊髓液、灰质和白质的分布对脑部的各种病变诊断和可视化是至关重要的。图1.4给出了 MRI 图像中脊髓液 (第一列)、灰质 (第二列) 和白质 (第三列) 在不同方向截面的一个分布示例。

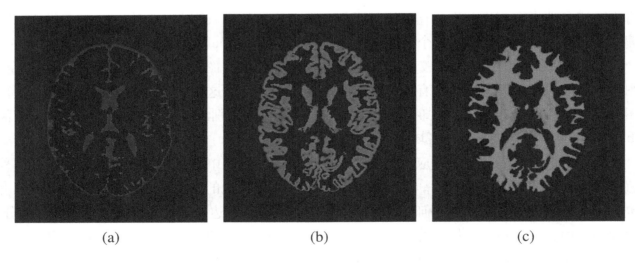

图 1.4

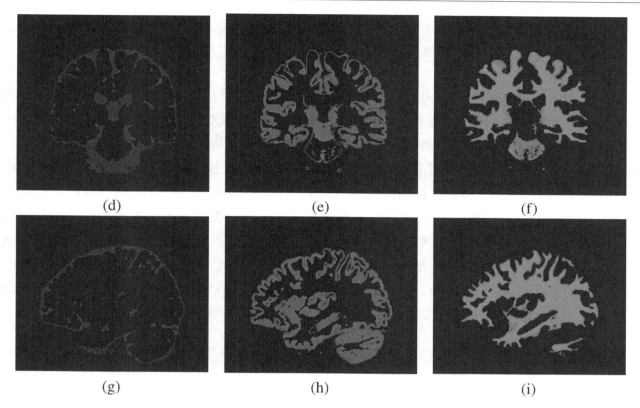

图 1.4 白质、灰质和脊髓液的分布
(a) 轴向切面脊髓液的分布；(b) 轴向切面灰质的分布；(c) 轴向切面白质的分布；(d) 冠状切面脊髓液的分布；(e) 冠状切面灰质的分布；(f) 冠状切面白质的分布；(g) 矢状切面脊髓液的分布；(h) 矢状切面灰质的分布；(i) 矢状切面白质的分布

1.3 医学图像分割的常用方法和分类

从不同的研究角度，医学图像的分割可以采取不同的策略。例如区域内部的像素通常具有灰度的相似性质，而区域边界一般具有灰度的不连续性，根据分割算法所判定的像素特征是否关联，可以分为基于区域的分割和基于边界的分割。按照分割中不同的处理策略，分割还可以分为并行处理和串行处理，例如在并行处理中，所有的判断和决定都可以独立地同时完成，而在串行处理中，前期的处理结果可以被后面的处理过程所利用。上述两个准则的组合可以将分割算法分为[6]：基于串行边界、基于并行边界、基于串行区域、基于并行区域共四类分割方法。

除了上面所述的分类，从其他角度还可以把分割算法进行分类，例如可以按使用知识的特点和层次进行分类，按分割区域的重叠状况分类，按分类过程中人工参与的程度分类，等等[7]。

1.3.1 基于模糊理论的图像分割

对图像中所存在的模糊性可以使用模糊理论进行处理。目前模糊理论已经发展为一个和经典理论并列的系统科学，并在理论和实践上取得了巨大的成功。模糊理论同样可以成功地应用于图像分割这样的任务中，将模糊理论引入图像处理和分析领域可以使图像分割算法具有更好的分割效果。基于模糊理论的分割方法主要有模糊聚类、模糊阈值分割、基于模糊场和模糊连接的分割等等[8-16]。例如已在图像分割领域成功应用的模糊 C 均值(FCM, fuzzy C-means) 聚类方法是研究较早并取得一定成功的分割方法，它以最小类内平方误差和为目标，并通过迭代的方式计算聚类中心和样本隶属于各模糊子集的程度。为了解决 FCM 中的局部极值问题，还可以利用全局优化方法，如在聚类过程中，使用进化算法来寻找全局最优解[17-20]。另外，由于传统的基于灰度的 FCM 算法孤立地处理输入数据，容易造成数据空间信息的丢失，因此在模糊 C 均值聚类方法中引入图像的空间约束，可以提供分割精度和算法的稳健性[21-23]。

1.3.2 基于形变模型的分割

基于形变模型的方法是将图像数据、初始轮廓、目标轮廓和基于知识的约束统一在一起的分割算法，也是研究的热点之一[24-27]。以主动轮廓模型为代表的此类分割算法认为在众多的图像理解的任务中，底层事件的正确理解依赖于高层知识。基于形变模型的方法已得到广泛应用和巨大的成功。此类方法可以通过设计一个能量函数，并通过寻找极值来完成。其局部极值组成了可供高层视觉处理进行选择的方案，在寻找显著的图像特征时，高层机制可以将图像特征推向一个适当的局部极值而与模型交互。该模型可以看作一个被施加了外力并受到内力作用的弹性体，外力引导它的行为，内力约束它的形状，在能量极小化的原则下，内力和外力的共同作用使其向图像特征显著的地方移动，当它锁定在图像特征附近的时候，能量达到极小值。几何形变模型的方法利用的是曲线(面)演化的理论，其轮廓对应于一个更高维曲面的演化函数的零水平集，并且其演化函数可以用变微分方程来表示。形变模型经过适当的初始化后，能够自主收敛到能量的极小状态[28]。

但是传统的形变模型在分割医学图像时存在初始轮廓定位的问题，传统算法对初始位置敏感，需要依赖于其他的知识将初始轮廓放在感兴趣的图像特征附近。传统的方法通常难以搜索到图像中深度凹陷区域的边界。针对这些问题，国内外有着广泛的研究和改进，例如在进行算法的迭代前，通过偏微分方程得到梯度向量流(gradient vector flow, GVF)，并用来代替传统模型中的梯度场，从而改善了在深度凹陷区域分割的表现[29]。

1.3.3 基于随机场的分割方法

以使用 Markov 随机场 (Markov random field, MRF) 模型为代表的基于随机场的分割算法, 采用条件概率描述图像邻域数据的分布。此类算法考虑了大部分邻域点应该属于相同分割区域的这个事实, 在具体的图像分割中, MRF 模型设定图像在某个位置的信息只受其邻域的影响, 而和图像上其他位置的信息无关, 即像素特性如灰度、纹理、颜色都和该像素的邻域密切相关, 这种局部性可以使用一种条件概率来进行描述。Markov 场模型的这种局部性的假设大大简化了图像模型的复杂度, 提供了一种描述图像的便捷一致的方法。而 Hammersley-Clifford 定理 (即 MRF 随机场和 Gibbs 随机场等价) 则把对 Gibbs 随机场 (Gibbs random field, GRF) 的大量研究结果推论到 MRF 模型上[30], 因而目前 Markov 随机场、Gibbs 随机场, 以及 Markov-Gibbs 随机场 (MGRF) 是最有影响力的模型。最早把 MRF 理论应用于图像建模是由 Cross 和 Jain 提出的[31], 在 D. Geman 和 S. Geman 发表了使用采样 Gibbs 分布的随机松弛算法后, 该模型就受到了图像处理领域专家的广泛关注, 该算法详细讨论了 MRF 的邻域系统、能量函数和 Gibbs 采样等问题, 提出了用模拟退火算法来极小化能量函数的方法, 并给出了模拟退火算法收敛性的证明, 同时 S. Geman 和 D. Geman 提出了包括线过程的 Markov 随机场模型, 为基于 MRF 模型的图像处理提供了理论基础[32]。MRF 理论可广泛地应用于图像处理, 利用 MRF 模型和最大后验概率准则, 采用随机搜索算法, 在 Bayesian 准则下可以实现医学图像的自动分割。MRF 模型使用图像邻域系统的势团 (clique) 能量定义了标记场的先验概率, 使用 MRF 模型的关键还在于参数的估计, 而分割性能也往往取决于参数估计的准确程度, 因此可以采用分割和 MRF 参数轮流迭代的方法, 即首先进行参数的初始化, 并在此基础上进行分割, 然后利用分割的结果进一步估计参数, 直到满足收敛条件为止。

1.3.4 基于核函数的分割方法

核函数的概念在数学领域存在已久, 但是把该理论应用在机器学习从而构造出相应的算法, 却是始于 20 世纪 90 年代。核机器学习的方法以统计学习理论和核函数理论为基础, 可以用在基于内积算法的非线性推广上。核方法是为了解决线性学习器的计算能力有限而提出的。由于在线性学习中, 目标概念通常是由给定特征的线性组合来表示的, 因而可能丢失了数据更抽象的特征, 核方法为了解决线性目标概念的缺陷, 通过把数据隐式映射到一个高维特征空间 (核空间) 来增强数据的可分性 (separability)。在高维空间中进行的线性学习等价于原空间中的非线性学习, 因此这种把输入数据从输入空间到高维空间进行映射的方法提高了传统线性学习的计算能力。虽然模式分类问题在高维空间中更加线性可分, 但是在高维空间中进行模式分类将导致所谓的维数灾难问题, 即随着特征空间的维数的升高, 分类的计算复杂度也将急剧升高。

核方法无须显式地得到由输入空间到高维核空间的映射函数,更具体地说,即高维空间中的内积运算可以通过在低维空间中定义的核函数得到。所以在高维核空间中依赖于内积度量数据相似性的模式分类问题,可以通过基于核的方法在低维空间中完成。由于图像分割归根到底是一个像素的模式识别问题,所以图像分割也可以使用基于核的方法来完成。

1.4 医学图像分割算法的评估

为了定性/定量地评价图像分割算法的性能,可以根据不同的标准对分割的结果进行评价。良好有效的评价标准有助于改进算法,并为算法的参数提供有效的指导,同时有助于对新算法的研究,所以对分割结果进行有效的评价是算法设计和图像分割优化的一个必不可少的过程。分割算法的评价可以分为分析法和实验法,后者还可以进一步分为优度 (goodness) 实验和差异实验两种。分析法直接研究分割算法本身的原理,通过分析推理来对算法的性能进行评价。优度实验采用优度参数来描述分割结果的特征,并根据优度值来进行分割的评价,而差异实验则以理想或期望的分割结果为参考,通过比较所得到的分割结果与参考结果之间的差异来评价分割算法[33]。

本书对图像分割结果进行定量评价的主要方法是采用差异实验,即用所得的分割结果和标准结果进行比较。标准分割结果也称为 ground truth 数据,通常可以包括仿真数据和临床真实数据两种。

1.4.1 具有标准分割结果的临床数据

进行图像差异实验的最直接的方法是把机器分割的临床图像和专家手工分割的结果进行比较。训练有素的专家通过手工或借助半自动算法得到的分割结果可作为标准分割结果。由于不同专家的分割结果可能会有细微的差别,所以标准分割结果可在多个专家分别进行分割的基础上,并对各个分割结果进行整理而得到。

在对脑部 MRI 图像的分割结果进行评价时,本书使用的标准临床分割结果来自麻省总医院形态特征分析中心 (Massachusetts General Hospital Morphometrics Analysis Center) 所提供的 IBSR (Internet Brain Segmentation Repository) 数据。IBSR 数据可以在其网站上获取①。该数据提供了多个真实的成人和儿童脑部 MRI 数据,并具有专家借助半自动算法进行手工分割的标准结果。

---

① http://neuro-www.mgh.harvard.edu/cma/ibsr

1.4.2 具有标准分割结果的仿真数据

仿真 MRI 数据又称为 MRI Phantom，在脑部 MRI 成像的研究中，BrainWeb MRI 数据是目前公布的并受到良好评价的 MRI Phantom 数据。该数据集是由 Montreal Neurological Institute 的 McConnell Brain Image Center 提供的具有标准分割结果的脑部仿真数据，该数据由 MRI 仿真器产生，以配准的方式提供了一组各种模态 (T1，T2，PD 加权) 的脑部 MRI 仿真图像。使用 MRI 仿真器产生的图像可以控制切片的厚度、随机噪声和由射频引起的有偏场，所以该数据可以方便地应用于各种不同条件下的分割实验。该数据提供了每个体素的标记值，其标志为每个体素中比重最大的组织类型，从而为整个图像提供了标准的分割结果，整个图像分割为 10 类，即背景、脊髓液、灰质、白质、脂肪、肌肉/皮肤、皮肤、颅骨、神经胶质和连接组织。由于数据提供了脑组织在空间和灰度分布上的各种信息，使用这种仿真的 MRI 图像，可以对分割结果的优劣进行精确的定量分析[4-5,34] ①。

1.5 意义和贡献

随着 MRI 图像在临床医学上的广泛应用，由于磁共振成像技术的发展以及可视化的要求，有必要设计更加稳健精确的 MRI 图像分割算法，用以帮助医生和学者描绘图像所表示的解剖结构。

针对 MRI 图像的特点和对脑部 MRI 图像进行分段光滑分割的要求，本书在空间约束的聚类分析、Gibbs 先验概率模型、快速核聚类方法与灰度有偏场纠正的方面上，研究了目前部分主流的分割方法，针对这些算法的不足，提出了改进的算法，对 MRI Phantom 和临床图像进行了大量实验，并对新算法的性能和效率进行了分析和讨论。本书的贡献和工作可以归纳如下：

(1) 使用 Markov 随机场模型，研究了基于模糊理论构造的 Gibbs 先验势能，提出了利用聚类中间结果的 MLL 模型，并使用该模型描述图像的空间约束，并将其应用于 KFCM-II 算法中。该空间约束项和作为 Mercer 核的高斯径向基函数 (Gaussian radial basis function, GRBF) 具有相似的表达形式，从而弥补了算法对空间约束描述的不足。

(2) 提出了用于 MRI 图像分割的快速核聚类算法，首先在 KFCM-I 算法的基础上简化了在高维特征空间中度量的样本映射点和核聚类中心的距离平方展开式。该简化将描述样本集紧密度的加权和替换为常数，从而大大降低了 KFCM-I 算法的复杂度。在此基础上使用了一种数据分类的方法将图像中具有相同特征的像素/体素归为一类，从而大大降低了有效输入数据的个数。经过分类后，各类像素的数目作为加权值被引入核聚类的目标公式中，从而可以

---

① http://www.bic.mni.mcgill.ca/brainweb

得到新的隶属度迭代公式。另外，在迭代过程中还使用了聚类中间结果的残差进行了有偏场的估计和图像的矫正。矫正后的图像可以近一步加快后续聚类迭代的过程，同时也有利于得到准确的分段光滑的分割结果。

(3) 使用聚类典型数据来表示核聚类中心，从而在此基础上提出另一种快速核聚类算法——KFCM-III 算法，该算法使用聚类典型数据可使核聚类中心的线性加权表达式大大简化。新算法还可以通过聚类典型数据的多样性来控制与 KFCM-I 算法的逼近程度。因此 KFCM-I 算法可以认为是聚类典型数据取整个样本集时本算法的一个特例，因此新算法具有更广泛的意义。而且新算法和 KFCM-II 算法也有相似之处 (本书已证明 KFCM-II 算法的聚类中心实际上是 KFCM-I 算法核聚类中心的近似原像)，当聚类的聚类典型数据比较紧密时，KFCM-III 算法的核距离平方展开式近似于 KFCM-II 算法中的形式，此时两者具有相似的聚类性能。在使用聚类典型数据的基础上，使用数据分类的方法可以进一步加快 KFCM-III 算法的聚类速度。因此通过选择比较适合的聚类典型数据，KFCM-III 算法在时间效率和聚类效果上比 KFCM-I/KFCM-II 算法更优势。

(4) 针对高斯核，对其参数 σ 的取值和估计方法进行了讨论，针对本书中所提出的几种新算法给出了 σ 的估值公式。另外对核聚类算法的初始化进行了讨论，给出了几种可供选择的方法。

1.6 本书的结构安排

本书主要针对 MRI 图像的分割问题来进行研究，研究了基于 Markov 随机场和核聚类分析的 MRI 图像的分割算法，针对核聚类算法计算量大的问题，设计了快速核聚类算法用于 MRI 图像的分割，并对消除 MRI 图像中的随机噪声以及有偏场的估计问题展开了讨论。

全文共分六章。

第 1 章绪论部分，首先对医学图像分割的背景、意义进行了介绍，接着介绍了 MRI 图像的特点和脑部 MRI 图像分割的任务。对医学图像的分类和常用的分割方法进行了简要的描述和总结。对脑部 MRI 图像的实验数据和评估方法进行了介绍，并对本书研究的意义和贡献进行了总结。

第 2 章介绍了聚类算法的基本理论，首先对聚类和模糊聚类的概念进行了介绍，然后对基于代价函数的模糊聚类进行了讨论。在此基础上介绍了常用的模糊 C 均值聚类算法及其缺点和相关的改进。

第 3 章对基于 Mercer 核的聚类 (核聚类) 算法进行了描述，首先简要介绍了核方法的理论基础，对 Mercer 映射、判别 Mercer 映射的正定条件和 Mercer 核进行了描述。在此基本上对核聚类算法在高维核空间中近邻测度进行了描述，并讨论了基于 Mercer 核的测度。接下来对模糊核聚类 KFCM-I 算法进行了描述，并讨论了在大样本输入集的条件下，KFCM-I 算法计算量的问题。针对 KFCM-I 计算复杂度大的缺点，讨论了简化的 KFCM-II 算法，并证明了 KFCM-II 算法在输入空间中得到的聚类中心实际上是 KFCM-I 算法的核聚类中心的近似原像。接下来对 KFCM-II 算法的初始化进行了讨论，分别介绍了基于核函数值和基于 MDS 方法的初始化，然后提出了高斯核的参数估计方法。本章最后对 FCM 和 KFCM-II 的实验结果进行了讨论。

第 4 章对使用图像空间约束的核聚类算法进行了讨论。首先介绍了使用空间约束的 KFCM-II 算法，然后提出了使用 Markov 场来描述空间约束的 KFCM-II 算法，该算法中的空间约束使用 Gibbs 分布表示，并作为聚类目标公式的补偿项，另外针对 KFCM-II 算法还给出了高斯核的参数估计式。最后通过实验对所提出的算法和相关算法进行了性能比较。

第 5 章和第 6 章分别对两种快速核聚类算法进行了讨论。第 5 章提出了一种在聚类中进行有偏场估计的快速算法。该算法首先对核距离平方的展开式进行简化，假设用来表示输入集自身的紧密度的指标可以用一个常数表示，从而绕过了核距离计算中最为复杂的部分。在此基础上使用输入数据分类的方法可以进一步加快算法的速度，并在聚类过程中使用聚类的中间结果进行灰度有偏场的纠正，纠正后的图像使得输入数据的分类数随着迭代次数不断减少，因此图像的矫正过程不仅仅可以用来提高最终分割结果的准确度，还可以进一步提高聚类的速度。本章使用新算法分别对脑部 MRI Phantom 和真实临床图像进行了实验。

第 6 章使用聚类典型数据来表示核聚类中心，提出了从另一个角度简化核聚类过程的新算法 KFCM-III，该算法可以被认为是一种更广泛意义下的算法——传统的 KFCM-I 算法实际上是将整个输入集作为聚类典型数据时 KFCM-III 算法的一个特例。而当聚类典型数据仅包含少量数据时，其聚类的性能和 KFCM-II 算法类似。因此，较之 KFCM-I 和 KFCM-II 算法而言，通过选择适合的聚类典型集，KFCM-III 算法可以得到更好的聚类效果。本章使用相关算法对合成图像、二维和三维的 MRI Phantom 数据进行了实验，并对算法的运行时间进行了比较。

2 基于聚类分析的分割

2.1 聚类与模糊聚类的概念

聚类分析是多元统计模式识别的方法之一。作为模式识别中的一个重要分支，聚类是一种非监督分类的方法，其目的是把未知标记的样本集合按照某种准则划分为若干子类，并要求各个子类样本的差异尽可能小，而不同子类样本的差异尽可能大，同时满足下面的条件：对于数据集 $X = \{\boldsymbol{x}_1, \cdots, \boldsymbol{x}_N\}$，将其聚类成 C 个类 $\mathcal{C}_1, \cdots, \mathcal{C}_C$，并满足如下条件：

(1) $\mathcal{C}_i \neq \emptyset, \forall i \in [C] \doteq \{1, \cdots, C\}$。

(2) $X = \bigcup_{i=1}^{C} \mathcal{C}_i$，即全部子类的并集应该包含所有的元素。

(3) $\mathcal{C}_i \cap \mathcal{C}_j = \emptyset, \forall i, j \in [C], i \neq j$，即任意两个子类互不重叠。

(4) $P(\mathcal{C}_i) = \text{true}, \forall i \in [C]$，其中 $P : \{\mathcal{C}_1, \cdots, \mathcal{C}_C\} \to \{\text{true}, \text{fasle}\}$ 为某一确定的判别式，即相同的子类中的样本应该具有相同的性质。

(5) $P(\mathcal{C}_i \cup \mathcal{C}_j) = \text{false}, \forall i, j \in [C], i \neq j$，即不同的子类中的样本应该具有不同的性质。

如果上面的数据集 $X = \{\boldsymbol{x}_1, \cdots, \boldsymbol{x}_N\}$ 为图像的像素集合，上面条件实际上也是图像分割定义所需满足的条件。可见聚类和图像分割有着密切联系，两者所进行的操作本质上是一致的。

经典图像分割的定义还要求 $X, \forall i \in [C]$ 为连通区域，即被分割出来的区域中的像素不仅具有相似的性质，而且在空间上也具有密切的联系。但是如果图像中有多个同一类型的目标，每个目标可以对应于一个子区域时，则图像的连通区域的条件便可以放松。

另外聚类算法所需处理的数据集实际上是各个像素的特征向量 (feature vector，像素特征所组成的向量)。若特征向量含有图像的空间约束信息，或者在度量数据相似性时，加入图像的空间约束的影响，则可以使聚类的结果具有某种空间连续性。

上面定义描述的聚类也被称为硬聚类 (hard clustering 或 crisp clustering)，即每个样本将被划分到某个单一的子类中。如果放宽这个限制的话，可以得到输入样本的模糊聚类定义。

模糊聚类是将多重集 $X = \{\boldsymbol{x}_1, \cdots, \boldsymbol{x}_N\}$（其中 $\boldsymbol{x}_k \in \mathbb{R}^D, k \in [N]$）分为 C 个模糊集，每个模糊集取决于函数 $\mu_i : X \to [0, 1], \forall i \in [C] \doteq \{1, \cdots, C\}$，并满足下列条件：

$$\sum_{i=1}^{C} \mu_i(\boldsymbol{x}_k) = 1, \forall k \in [N] \tag{2.1}$$

$$\sum_{k=1}^{N} \mu_i(\boldsymbol{x}_k) \in (1, N), \forall i \in [C] \tag{2.2}$$

由函数 μ_i 可以得到隶属度矩阵的定义：记 $\mu_i(\boldsymbol{x}_k)$ 为 $\mu_{i,k}$，则隶属度矩阵为 $\boldsymbol{U} \doteq (\mu_{i,k})_{C \times N}$。隶属度函数描述了输入数 $\boldsymbol{x}_k$ 同时属于多个聚类的程度，隶属度 $\mu_{i,k}$ 越接近 1 表示样本属于该类的程度越高，反之隶属于该类的程度也越低。隶属度矩阵中的元素分布则描述了输入集的结构，通常若两个数据对于某个模糊聚类的隶属度值都接近于 1，则认为这两个数据是相似的，应该被划分为一类。

在聚类中引入隶属度函数后，样本将以不同的程度被划分到各个聚类中，因此被称为模糊聚类 (fuzzy clustering)。硬聚类可以看作模糊聚类的一个特例，即隶属度函数取离散值，即 $\mu_i : X \to \{0,1\}, \forall i \in [C]$，此时每个样本将专属于某个聚类，并且隶属度函数称为特征函数。模糊聚类也可以方便地转换为硬聚类，此时只需把 $\boldsymbol{U}$ 的列向量 $\boldsymbol{u}_k = [\mu_{1,k}, \mu_{2,k}, \cdots, \mu_{C,k}]^\mathrm{T}$ 中最大的元素置 1，而其余的元素置零，并把变换后 $\boldsymbol{u}_k$ 作为 $\boldsymbol{x}_k$ 的硬分割特征函数即可。

2.2 基于代价函数的聚类算法

基于代价函数的聚类算法是通过优化目标函数 $J : X \to \mathbb{R}^+$ 来产生聚类的。其中目标函数 J 以向量 $\boldsymbol{\Theta}$ 为参数。通常这种方法需要已知聚类数 C，算法通过估计 $\boldsymbol{\Theta}$ 来达到优化函数 J 的目的，从而得到数据集 X 的最佳聚类。这种算法可以进一步进行细分，例如前面提到的硬聚类算法实际上就可以通过优化代价函数将输入数据分配到各个聚类中，这类算法中最著名的是 ISODATA 和 Lloyd 算法[35-36]。

2.2.1 基于混合模型的概率聚类

除了上面的硬聚类算法外，还有概率聚类算法，它是硬聚类算法的特例，并遵循贝叶斯准则完成聚类任务。例如在混合模型 (mixture model) 中，记完整数据 (complete data) 为联合事件 $(\boldsymbol{x}_k, y_k), k \in [N]$，而观察到数据通常是不完整的，即输入集为 $X \equiv \{\boldsymbol{x}_1, \cdots, \boldsymbol{x}_N\}$，而 y_k 则是输入数据的聚类标签，即 $y_k \in [C]$。记相应的聚类为 $\mathcal{C}_1, \cdots, \mathcal{C}_C$，则在混合模型中，先验概率密度可以用下面的概率密度函数表示：

$$p(\boldsymbol{x}) = \sum_{i=1}^{C} p(\boldsymbol{x}|\mathcal{C}_i) \cdot P_i \tag{2.3}$$

其中 P_i 为 $y_k = i$ 的概率，并满足下式：

$$\sum_{i=1}^{C} P_i = 1, \quad \int_X p(\boldsymbol{x}|\mathcal{C}_i)\mathrm{d}\boldsymbol{x} = 1 \tag{2.4}$$

在上面的混合模型中，由于观察数据 $X \doteq \{\boldsymbol{x}_1, \cdots, \boldsymbol{x}_N\}$ 实际上是不完全的数据集，因而可以使用基于贝叶斯准则的期望值最大 (expectation maximization，EM) 算法来对隐含数据的后验概率进行估计，从而得到数据的聚类。输入数据 $\boldsymbol{x}_k$ 属于一个聚类 $\mathcal{C}_j$ 的概率为 $P(\mathcal{C}_j|\boldsymbol{x}_k)$，若 $P(\mathcal{C}_i|\boldsymbol{x}_k) > P(\mathcal{C}_j|\boldsymbol{x}_k), j \in [C], i \neq j$，则 $\boldsymbol{x}_k$ 就属于聚类 $\mathcal{C}_i$。

由 EM 算法的 E 步骤，可以得到[37]：

$$Q(\boldsymbol{\Theta}; \boldsymbol{\Theta}(t)) = \sum_{k=1}^{N} \sum_{i=1}^{C} P(\mathcal{C}_i|\boldsymbol{x}_k; \boldsymbol{\Theta}(t)) \cdot \ln\left(p(\boldsymbol{x}_i|\mathcal{C}_j; \boldsymbol{\Theta}) \cdot P_i\right) \tag{2.5}$$

令 $\boldsymbol{\theta} = (\boldsymbol{\theta}_1, \cdots, \boldsymbol{\theta}_i, \cdots, \boldsymbol{\theta}_C)$，$\boldsymbol{\theta}_i$ 表示的是聚类 $\mathcal{C}_i$ 的数据分布参数，$\boldsymbol{P} \doteq (P_1, \cdots, P_C)$ 为聚类的先验概率向量，则 $\boldsymbol{\Theta} \doteq (\boldsymbol{\theta}, \boldsymbol{P})$。

聚类的目标为公式 (2.5) 的最大值，即 EM 算法的 M 步骤：

$$\boldsymbol{\Theta}(t+1) = \mathrm{argmax}_{\boldsymbol{\Theta}} Q(\boldsymbol{\Theta}; \boldsymbol{\Theta}(t)) \tag{2.6}$$

设聚类的分布参数 $\boldsymbol{\theta}_i, \boldsymbol{\theta}_j, i \neq j$，两两独立，在 $\sum_{i=1}^{C} P_i = 1$ 的条件下使用拉格朗日乘数法，可以得到 $\boldsymbol{\Theta}(t+1)$ 的定点迭代公式如下：

$$P_i(t+1) = \frac{1}{N} \cdot \sum_{k=1}^{N} P(\mathcal{C}_i|\boldsymbol{x}_i; \boldsymbol{\Theta}(t)), \forall i \in [C] \tag{2.7}$$

而 $\boldsymbol{\theta}_i(t+1)$ 则是下面方程关于 $\boldsymbol{\theta}_i$ ($\forall i \in [C]$) 的解：

$$\sum_{i=1}^{C} \sum_{k=1}^{N} P(\mathcal{C}_i|\boldsymbol{x}_k; \boldsymbol{\Theta}(t)) \frac{\partial}{\partial \boldsymbol{\theta}_i} \ln p(\boldsymbol{x}_i|\mathcal{C}_j; \boldsymbol{\theta}_i) = 0 \tag{2.8}$$

由贝叶斯准则可以得

$$P(\mathcal{C}_i|\boldsymbol{x}_k; \boldsymbol{\Theta}(t)) = \frac{p(\boldsymbol{x}_k|\mathcal{C}_i; \boldsymbol{\theta}_i(t))P_i(t)}{\sum_{j=1}^{C} p(\boldsymbol{x}_k|\mathcal{C}_j; \boldsymbol{\theta}_j(t))P_j(t)} \tag{2.9}$$

算法在公式 (2.7) 和 (2.9) 之间迭代，直到 $\boldsymbol{\Theta}$ 收敛为止。此时可以根据式 (2.9) 得到的条件概率将输入数据 $\boldsymbol{x}_k$ 分配到相应的聚类中。

2.2.2 高斯混合模型的 EM 聚类

若设上述混合模型中各个聚类中的数据为高斯分布，则可以得到高斯混合模型[37]，此时条件概率密度为

$$P(\mathcal{C}_i|\boldsymbol{x}_k;\boldsymbol{\theta}_i) = \frac{1}{\sqrt{(2\pi)^p|\boldsymbol{B}_i|^{1/2}}} \cdot \exp\left(-\frac{1}{2}(\boldsymbol{x}-\boldsymbol{v}_i)^{\mathrm{T}}\boldsymbol{B}_i^{-1}(\boldsymbol{x}-\boldsymbol{v}_i)\right) \tag{2.10}$$

其中，$\boldsymbol{x} \in \mathbb{R}^p$；$\boldsymbol{B}_i$ 为聚类 $\mathcal{C}_i$ 的高斯分布的协方差矩阵；$\boldsymbol{v}_i$ 为聚类中心。此时，式 (2.9) 可以改写为

$$P(\mathcal{C}_i|\boldsymbol{x}_k;\boldsymbol{\Theta}(t)) = \frac{|\boldsymbol{B}_i(t)|^{-1/2}\exp\left(-\frac{1}{2}\cdot(\boldsymbol{x}_k-\boldsymbol{v}_i(t))^{\mathrm{T}}\boldsymbol{B}_i^{-1}(\boldsymbol{x}_k-\boldsymbol{v}_i(t))\right)P_i(t)}{\sum_{j=1}^{C}|\boldsymbol{B}_j(t)|^{-1/2}\exp\left(-\frac{1}{2}\cdot(\boldsymbol{x}_k-\boldsymbol{v}_j(t))^{\mathrm{T}}\boldsymbol{B}_i^{-1}(\boldsymbol{x}_k-\boldsymbol{v}_j(t))\right)P_j(t)} \tag{2.11}$$

相应的聚类中心和协方差矩阵的迭代公式则可以写为

$$\boldsymbol{v}_i(t+1) = \frac{\sum_{k=1}^{N} P(\mathcal{C}_i|\boldsymbol{x}_k;\boldsymbol{\Theta}(t))\boldsymbol{x}_k}{\sum_{k=1}^{N} P(\mathcal{C}_i|\boldsymbol{x}_k;\boldsymbol{\Theta}(t))} \tag{2.12}$$

$$\boldsymbol{B}_i(t+1) = \frac{\sum_{k=1}^{N} P(\mathcal{C}_i|\boldsymbol{x}_k;\boldsymbol{\Theta}(t))(\boldsymbol{x}_k-\boldsymbol{v}_i(t))(\boldsymbol{x}_k-\boldsymbol{v}_i(t))^{\mathrm{T}}}{\sum_{k=1}^{N} P(\mathcal{C}_i|\boldsymbol{x}_k;\boldsymbol{\Theta}(t))} \tag{2.13}$$

在高斯混合模型中，在进行聚类数据的初始估计后，聚类将在式 (2.11) ～ (2.13) 和式 (2.7) 中反复迭代直至 $\boldsymbol{\Theta}$ 收敛，然后根据收敛后所得的概率 $P(\mathcal{C}_i|\boldsymbol{x}_k;\boldsymbol{\Theta}(t))$ 将输入数据转化为硬聚类。

基于高斯混合模型的 EM 算法可以总结如下算法：

Algorithm 1 高斯混合模型的 EM (Expectation–maximization) 算法

输入：输入向量 $\boldsymbol{x}_1,\cdots,\boldsymbol{x}_N \in \mathbb{R}^M$，输入向量属于第 i 个类的概率 P_i，满足 $P_1+\cdots+P_C=1$，迭代收敛常数 $\epsilon > 0$。
输出：聚类 $\mathcal{C}_i \neq \varnothing, \forall i \in [C]$，满足 $\bigcup_{i=1}^{C}\mathcal{C}_i = \{\boldsymbol{x}_1,\cdots,\boldsymbol{x}_N\}$，并且 $\mathcal{C}_i \cap \mathcal{C}_j = \varnothing, \forall i \neq j$。
1: 初始化聚类参数 $\boldsymbol{\Theta}(0)$，包括初始化的聚类中心 $\boldsymbol{V}(0) \leftarrow [\boldsymbol{v}_1(0),\cdots,\boldsymbol{v}_C(0)]$，协方差矩阵的集合 $B(0) \leftarrow \{\boldsymbol{B}_1,\cdots,\boldsymbol{B}_C\}$ 以及 $\boldsymbol{P}(0) \leftarrow (P_1,\cdots,P_C)$；
2: **repeat**
3:    按照公式 (2.12) 更新聚类中心矩阵 $\boldsymbol{V}(t+1) \leftarrow [\boldsymbol{v}_1(t+1),\cdots,\boldsymbol{v}_C(t+1)]$；
4:    按照公式 (2.13) 更新各类协方差矩阵 $B(t+1) \leftarrow \{\boldsymbol{B}_1(t+1),\cdots,\boldsymbol{B}_C(t+1)\}$；
5:    按照公式 (2.7) 更新先验概率向量 $\boldsymbol{P}(t+1) \leftarrow (P_1(t),\cdots,P_C(t))$；
6:    按照公式 (2.11) 更新计算后验概率 $P(\mathcal{C}_i|\boldsymbol{x}_k;\boldsymbol{\Theta}(t+1)), \forall k \in [C]$；
7: **until** $\|\boldsymbol{V}(t+1)-\boldsymbol{V}(t)\|_F < \epsilon$ 或者达到事先约定的最大迭代次数
8: 按照后验概率将输入向量 $\boldsymbol{x}_1,\cdots,\boldsymbol{x}_N$ 并入某一聚类，$\boldsymbol{x}_k \in \mathrm{argmax}_{\mathcal{C}_i} P(\mathcal{C}_i|\boldsymbol{x}_k;\boldsymbol{\Theta}(t+1))$；
9: **return** 聚类结果 $\mathcal{C}_i, \forall i \in [C]$.

基于高斯混合模型的 EM 算法和模糊聚类算法有着密切的相似之处——前者的后验概率，式 (2.11)，和模糊聚类的隶属度量相似，有着类似的解释。另外在 EM 算法中，正态分布的均值可以解释为聚类中心，而式 (2.10) 中的正态分布函数与核聚类算法中高斯核的作用类似。

2.2.3 模糊聚类

基于代价函数的模糊聚类算法可以通过最小化下面目标公式来实现：

$$J(\boldsymbol{U}, \boldsymbol{\theta}) = \sum_{i=1}^{C} \sum_{k=1}^{N} \mu_{i,k}^{m} d^{2}(\boldsymbol{x}_{k}, \boldsymbol{\theta}_{i}) \tag{2.14}$$

其中，m 为模糊指数，通常 $m > 1$；$\boldsymbol{U}$ 为隶属度矩阵；$d^2 : (\boldsymbol{x}_k, \boldsymbol{\theta}_i) \mapsto d^2(\boldsymbol{x}_k, \boldsymbol{\theta}_i)$ 为不相似测度函数 (dissimilarity function)，后面会介绍不相似测度的定义。

代价函数式 (2.14) 的最小值可在式 (2.1) 的约束下由拉格朗日乘数法求得，相应的拉格朗日乘数法的目标公式为

$$L(\boldsymbol{U}, \boldsymbol{\theta}) = \sum_{i=1}^{C} \sum_{k=1}^{N} \mu_{i,k}^{m} d^{2}(\boldsymbol{x}_{k}, \boldsymbol{\theta}_{i}) - \sum_{k=1}^{N} \lambda_{k} \left(\sum_{i=1}^{C} \mu_{i,k} - 1 \right) \tag{2.15}$$

对公式 (2.15) 两边求关于 $\mu_{i,k}$ 的偏导数可得

$$\frac{\partial L(\boldsymbol{U}, \boldsymbol{\theta})}{\partial \mu_{i,k}} = m \mu_{i,k}^{m-1} d^{2}(\boldsymbol{x}_{k}, \boldsymbol{\theta}_{i}) - \lambda_{k} \tag{2.16}$$

令 $\partial L(\boldsymbol{U}, \boldsymbol{\theta}) / \partial \mu_{i,k} = 0$，可以得到 $\mu_{i,k}$ 的表达式为

$$\mu_{i,k} = \left(\frac{\lambda_k}{m d^2(\boldsymbol{x}_k, \boldsymbol{\theta}_i)} \right)^{1/(m-1)}, \forall (i, k) \in [C] \times [N] \tag{2.17}$$

由约束条件 (2.1) 可以解出 λ_k，代入式 (2.17) 则可以消去参数 λ_k：

$$\mu_{i,k} = \frac{\left(d(\boldsymbol{x}_k, \boldsymbol{\theta}_i) \right)^{2/(1-m)}}{\sum_{j=1}^{C} \left(d(\boldsymbol{x}_k, \boldsymbol{\theta}_j) \right)^{2/(1-m)}}, \forall (i, k) \in [C] \times [N] \tag{2.18}$$

对于参数向量 $\boldsymbol{\theta}_i$，则可以通过求式 (2.15) 对 $\boldsymbol{\theta}_i$ 的偏导，并令其为零得到：

$$\frac{\partial J(\boldsymbol{U}, \boldsymbol{\theta})}{\partial \boldsymbol{\theta}_i} = \sum_{k=1}^{N} \mu_{i,k}^{m} \frac{\partial d^2(\boldsymbol{x}_k, \boldsymbol{\theta}_i)}{\partial \boldsymbol{\theta}_i} = 0, \forall i \in [C] \tag{2.19}$$

如果式 (2.19) 的表达式足够简单，例如 $d(\boldsymbol{x}_k, \boldsymbol{\theta}_i)$ 取 $\boldsymbol{x}_i$ 和 $\boldsymbol{\theta}_i$ 的欧几里得距离，则可以由式 (2.19) 得到 $\boldsymbol{\theta}_i$ 的解析解，否则需要解关于 $\boldsymbol{\theta}_i$ 的方程。

由于式 (2.17) 和式 (2.19) 并不能给出最小化式 (2.14) 的解析解，所以目标函数 (2.14) 的优化将在式 (2.17) 和式 (2.19) 间交替迭代中完成。

2.3 模糊 C 均值聚类 (FCM) 算法

模糊 C 均值聚类 (fuzzy C-means clustering, FCM) 是由 Bezdek 在 1981 年提出的，是在 HCM (hard C-means) 算法的基础上应用模糊理论推广得到的。

模糊 C 均值聚类以聚类中心矩阵 $\boldsymbol{V} = [\boldsymbol{v}_1, \cdots, \boldsymbol{v}_C]$ 作为代价函数的优化参数，通过优化该参数将数据集 $X \doteq \{\boldsymbol{x}_1, \cdots, \boldsymbol{x}_N\}$ 划分为 C 个模糊子类。聚类的代价函数可以定义为

$$J(\boldsymbol{U}, \boldsymbol{V}) = \sum_{i=1}^{C} \sum_{k=1}^{N} \mu_{i,k}^m \|\boldsymbol{x}_k - \boldsymbol{v}_i\|^2 \qquad (2.20)$$

使用关于 $\boldsymbol{U}$ 和 $\boldsymbol{V}$ 的推导，可以得到隶属度和聚类中心的迭代公式如下：

$$\begin{cases} \boldsymbol{v}_i = \dfrac{\sum_{k=1}^{N} \mu_{i,k}^m \boldsymbol{x}_k}{\sum_{k=1}^{N} \mu_{i,k}^m} \\ \mu_{i,k} = \dfrac{\|\boldsymbol{x}_k - \boldsymbol{v}_i\|^{2/(1-m)}}{\sum_{j=1}^{C} \|\boldsymbol{x}_k - \boldsymbol{v}_j\|^{2/(1-m)}}, \quad \boldsymbol{x}_k \neq \boldsymbol{v}_i \end{cases} \qquad (2.21)$$

如果 $\boldsymbol{x}_k = \boldsymbol{v}_i$，则上式 $\mu_{i,k} = 1$。

FCM 算法的步骤可以归纳如下：

Algorithm 2 模糊 C 均值聚类算法

输入: 输入向量 $\boldsymbol{x}_1, \cdots, \boldsymbol{x}_N \in \mathbb{R}^M$，聚类的个数 C，迭代收敛常数 $\epsilon > 0$.
输出: $\mathcal{C}_i \neq \varnothing, \forall i \in [C]$，满足 $\bigcup_{i=1}^{C} \mathcal{C}_i = \{\boldsymbol{x}_1, \cdots, \boldsymbol{x}_N\}$，并且 $\mathcal{C}_i \cap \mathcal{C}_j = \varnothing, \forall i \neq j$.
1: $t \leftarrow 0$, 初始化的聚类中心 $\boldsymbol{V}(0) \leftarrow [\boldsymbol{v}_1(0), \cdots, \boldsymbol{v}_C(0)]$.
2: **repeat**
3:   按照公式 (2.21) 更新隶属度矩阵 $(\boldsymbol{U}(t+1))_{i,k} \leftarrow \mu_{i,k}, \forall (i,k) \in [N] \times [C]$
4:   按照公式 (2.21) 更新聚类中心向量 $\boldsymbol{V}(t+1) \leftarrow [\boldsymbol{V}_1(t), \cdots, \boldsymbol{V}_C(t)]$
5: **until** $\|[\boldsymbol{V}(t+1)] - [\boldsymbol{V}(t)]\|_F < \epsilon$ 或者达到事先约定的最大迭代次数
6: 按照隶属度将输入向量 $\boldsymbol{x}_1, \cdots, \boldsymbol{x}_N$ 并入某一聚类，$\boldsymbol{x}_k \in \mathcal{C}_{i^*}$，其中 $i^* = \operatorname*{argmax}_{i} \mu_{i,k}$.
7: **return** 聚类结果 $\mathcal{C}_i, \forall i \in [C]$.

2.4 模糊 C 均值聚类的缺点和改进

由于聚类模型的原因，模糊 C 均值聚类不可避免地存在一些问题。例如首先要根据样本集的先验知识确定聚类的数目。另外由于聚类目标函数非凸性，通过迭代方式优化目标函数容易陷入局部极小值，因而聚类过程对于聚类的初始化是敏感的。另外算法对输入数据中的噪声和离群点是敏感的，具体地说，在图像的分割中，各种退化因素(图像噪声，有偏场等)将会严重影响图像分割结果的准确性。

传统模糊 C 聚类算法的缺点也代表了其他基于代价函数的聚类算法的缺点，如基于混合模型的 EM 算法也有类似的缺点。由于模糊聚类的隶属度公式 (2.1) 和 EM 算法的条件概率公式 (2.9) 要满足条件 $\mu_{1,k} + \cdots + \mu_{C,k} = 1$ 或者 $P(\mathcal{C}_1|\boldsymbol{x}_k) + \cdots + P(\mathcal{C}_C|\boldsymbol{x}_k) = 1$。这使得数据隶属于某个聚类的程度要受到另一个聚类的影响，因此传统的聚类算法对异常值非常敏感。另外传统的模糊聚类算法缺乏对图像空间特性的有效描述，所以在聚类过程中对输入数据提出空间约束，可以提高聚类结果的准确性[38-45]。

针对聚类算法线性分类能力有限这个问题，可以利用基于 Mercer 核的方法对样本特征进行优化，从而提高样本的可分性[38,46-55] 等，因此针对传统聚类算法的缺点，可以从不同的角度进行大量的改进[56-59]。

2.5 本章小结

本章首先对聚类的概念进行了简单的回顾，然后对基于代价函数的聚类算法进行了描述，并对基于混合模型的 EM 算法和基于隶属度模型的模糊 C 均值聚类进行了总结，最后介绍了模糊 C 均值聚类的缺点和改进方法。

3 基于 Mercer 核的聚类算法

3.1 引言

在模式识别中，由于研究对象的复杂性，对这些对象进行正确的分类往往需要利用数据更抽象的高维特征。而在高维数据的统计分析中，线性学习器的分类能力十分有限，即目标概念通常不能由已知模式属性的简单线性展开式来表示，因此需要将这些复杂的目标在一个更高维的空间中进行描述，或者在原模式空间中将线性算法转换为非线性算法，从而改善算法的分类能力。将输入模式映射到高维空间中进行描述，虽然可以增加模式的线性可分性，但是直接对高维数据进行处理会遇到多种困难，例如维数灾难 (curse of dimensionality) 的问题等。

核方法的基本思想是通过非线性映射 Φ 隐式地将输入空间 $\mathcal{X}$ 中的样本映射到一个高维的特征空间中，并在这个高维空间中应用线性算法。经过这样的映射，高维空间中的线性算法等价于原空间中的非线性算法。当满足一定的条件时，要在高维空间中进行模式识别，并不需要显式地知道这个映射的具体形式。由于存在核函数 $K: \mathcal{X}^2 \to \mathbb{R}$，满足

$$K(\boldsymbol{x}_i, \boldsymbol{x}_j) = \left(\Phi(\boldsymbol{x}_i)\right)^{\mathrm{T}} \cdot \Phi(\boldsymbol{x}_j) \geqslant 0, \forall \boldsymbol{x}_i, \boldsymbol{x}_j \in \mathcal{X} \tag{3.1}$$

所以对于依赖于特征空间中点积的算法，则无须知道映射 Φ 的具体形式，而可以通过核函数 $K: (\boldsymbol{x}_i, \boldsymbol{x}_j) \mapsto K(\boldsymbol{x}_i, \boldsymbol{x}_j)$ 在原始数据空间中来完成，同时可以缓解由于空间维数的增加而造成的计算量也急剧增加的问题。

核方法作为一种从线性到非线性，从低维到高维的桥梁，提供了一种优雅地解决维数灾难问题 (即随着维数的升高，计算量急速增加) 的方法，近年来在模式识别领域逐步得到广泛的关注和应用，各种基本核的理论和方法相继被提出，例如基于核的支持向量机 (kernel-based support vector machines, KSVM)[33,60-64]、核聚类[38-41,46-49,65-71]与核支持向量聚类[50-56] (kernel clustering, kernel-based support vector clustering)、核主成分分析 (kernel principal component analysis, KPCA)[72-75]、核 Fisher 判别 (kernel Fisher discriminant)[76-78] 等。

由于聚类算法在度量数据间的相似性时，往往使用内积及其线性组合来表示，因此提供了一种基于核方法进行聚类的可能，该方法通过核函数将数据隐式地映射到高维空间中再进行聚类。下面对核聚类的一些基本概念进行简要的描述。

3.2 Mercer 定理与 Mercer 核

3.2.1 Mercer 映射

为了后面问题的陈述，首先给出相关的定义。

定理 3.1 (Mercer 定理[79])

设 $(\mathcal{X}, \mu)$ 为有限测度空间，$K \in L_\infty(\mathcal{X}^2)$ 为实对称函数，如果积分算子 $T_k : L_2(\mathcal{X}) \to L_2(\mathcal{X})$ 为正算子，满足 $(T_k f)(\boldsymbol{x}) \doteq \int_{\mathcal{X}} K(\boldsymbol{x}, \boldsymbol{y}) f(\boldsymbol{y}) \mathrm{d}\mu(\boldsymbol{y})$，也即对任意一个函数 $f \in L_2(\mathcal{X})$，均有

$$\iint_{\mathcal{X}^2} K(\boldsymbol{x}, \boldsymbol{y}) f(\boldsymbol{x}) f(\boldsymbol{y}) \mathrm{d}\mu(\boldsymbol{x}) \mathrm{d}\mu(\boldsymbol{y}) \geqslant 0 \tag{3.2}$$

上式称为函数 K 的正定条件。对于 $(\boldsymbol{x}, \boldsymbol{y}) \in \mathcal{X}^2$ (其中 $\mathcal{X}$ 的测度非零)，则均有

$$K(\boldsymbol{x}, \boldsymbol{y}) = \sum_{j=1}^{N_F} \lambda_j \varphi_j(\boldsymbol{x}) \varphi_j(\boldsymbol{y}), \quad \forall (\boldsymbol{x}, \boldsymbol{y}) \in \mathcal{X}^2 \setminus \mathcal{N}, \mu(\mathcal{N}) = 0 \tag{3.3}$$

其中 $\mathcal{N}$ 为一测度为零的 $\mathcal{X}^2$ 的子集，φ_j 为算子 T_k 的关于 λ_j 的 $\|\varphi_j\|_{L_2} = 1$ 特征函数，则 $\varphi_j \in L_\infty(\mathcal{X}), \sup_j \|\varphi_j\|_{L_\infty} < \infty$，$\lambda_j > 0$ 为算子 T_k 的按照降序排列的特征值，并且序列 $(\lambda_1, \cdots, \lambda_j, \cdots)$ 绝对收敛，而 $N_F \in \mathbb{N}$ 或者 $N_F = \infty$。对于 $N_F = \infty$，则表示公式 (3.3) 中的级数是绝对一致收敛的。

定义 3.1 (Mercer 核映射[79])

由定理 3.1 可知，$K(\boldsymbol{x}, \boldsymbol{y})$ 对应着一个定义在 $\ell_2^{N_F}$ 中的点积，即

$$K(\boldsymbol{x}, \boldsymbol{y}) = \langle \Phi(\boldsymbol{x}), \Phi(\boldsymbol{y}) \rangle \tag{3.4}$$

其中映射 $\Phi : \mathcal{X} \to \ell_2^{N_F}, \boldsymbol{x} \mapsto \left(\sqrt{\lambda_j} \varphi_j(\boldsymbol{x})\right)_j, j = 1, \cdots, N_F$，被称为 Mercer 核映射，其中 $\ell_2^{N_F}$ 为长度为 N_F 的二次绝对可和数列空间。

3.2.2 正定条件与 Mercer 核

上面的关于 $K \in L_\infty(\mathcal{X}^2)$ 正定条件和 Mercer 核映射是在函数空间的基础上给出的，$(\mathcal{X}, \mu)$ 为有限测度空间。若对于 $\mathcal{X} = [a,b]$，则函数 $K \in L_\infty(\mathcal{X}^2)$ 正定的定义可以简化为

$$\iint_{[a,b]\times[a,b]} K(\boldsymbol{x},\boldsymbol{y})f(\boldsymbol{x})f(\boldsymbol{y})\mathrm{d}\boldsymbol{x}\mathrm{d}\boldsymbol{y} \geqslant 0 \tag{3.5}$$

对于集合 $X \doteq \{\boldsymbol{x}_1,\cdots,\boldsymbol{x}_N\} \subset \mathcal{X}$，对称函数 K 为正定的条件如下：

$$\sum_{i,j=1}^N c_i \bar{c}_j K(\boldsymbol{x}_i, \boldsymbol{x}_j) \geqslant 0 . \tag{3.6}$$

称矩阵 $\boldsymbol{K} \doteq [K(\boldsymbol{x}_i, \boldsymbol{x}_j)]_{N\times N}$ 为关于输入集 $X \doteq \{\boldsymbol{x}_1,\cdots,\boldsymbol{x}_N\}$ 的核矩阵 (也称 Gram 矩阵)。由上面的定义可知，对于输入集 X，函数 K 正定的条件即 Gram 矩阵是正定阵。

由再生核与再生核 Hilbert 空间理论，在一定条件下式 (3.3) 和式 (3.4) 实际上是式 (3.1) 在紧致度量区间和离散样本集上的等价表达，即 Mercer 核与满足式 (3.4) 的函数是等价的[80-81]。

下面是几个满足正定条件的常用的 Mercer 核。

(1) 高斯核 (径向基函数的一个常见的特例)：

$$K(\boldsymbol{x}_i, \boldsymbol{x}_j) = \exp\left(-\frac{\|\boldsymbol{x}_i - \boldsymbol{x}_j\|^2}{\sigma^2}\right), \sigma > 0 \tag{3.7}$$

(2) 径向基函数核：

$$K(\boldsymbol{x}_i, \boldsymbol{x}_j) = \exp\left(-\gamma\|\boldsymbol{x}_i - \boldsymbol{x}_j\|^2\right), \gamma > 0 \tag{3.8}$$

即高斯核也是一种径向基函数核，即 $\gamma = 1/\sigma^2$。

(3) Sigmoid 核：

$$K(\boldsymbol{x}_i, \boldsymbol{x}_j) = \tanh\left(\kappa\langle\boldsymbol{x}_i, \boldsymbol{x}_j\rangle + c\right), \kappa > 0, c < 0 \tag{3.9}$$

(4) 多项式核：

$$K(\boldsymbol{x}_i, \boldsymbol{x}_j) = \left(\langle\boldsymbol{x}_i, \boldsymbol{x}_j\rangle + c\right)^d, d \in \mathbb{N}, c \in \mathbb{R} \tag{3.10}$$

3.3 近邻度量与基于核函数的度量

3.3.1 相似性测度以及不相似性的度量

邻近性 (proximity) 的度量包括相似性度量 (similarity measure) 和不相似性测度 (dissimilarity measure)①，可以分别用来度量两个样本间的相似性和不相似性，并可定义如下[5,82]：

> **定义 3.2 (相似性测度)**
> 设样本集为 $X \doteq \{\boldsymbol{x}_1, \cdots, \boldsymbol{x}_N\}$，则 X 上的相似测度为函数 $s: X^2 \to \mathbb{R}$，函数 s 为对称映射，并且 $\forall \boldsymbol{x}_i, \boldsymbol{x}_j \in \boldsymbol{X}, \exists s_{\max} \in \mathbb{R}$，满足下列条件：
> (1) $-\infty < s(\boldsymbol{x}_i, \boldsymbol{x}_j) \leqslant s_{\max} < +\infty, \forall \boldsymbol{x}_i, \boldsymbol{x}_j \in X$
> (2) $s(\boldsymbol{x}, \boldsymbol{x}) = s_{\max}, \forall \boldsymbol{x} \in X$
> (3) $s(\boldsymbol{x}_i, \boldsymbol{x}_j) = s_{\max}$，当且仅当 $\boldsymbol{x}_i = \boldsymbol{x}_j$
> (4) $s(\boldsymbol{x}_i, \boldsymbol{x}_j) s(\boldsymbol{x}_j, \boldsymbol{x}_k) = \big(s(\boldsymbol{x}_i, \boldsymbol{x}_j) + s(\boldsymbol{x}_j, \boldsymbol{x}_k)\big) s(\boldsymbol{x}_i, \boldsymbol{x}_k)$，
> $\forall \boldsymbol{x}_i, \boldsymbol{x}_j, \boldsymbol{x}_k \in X$

> **定义 3.3 (不相似性测度[5])**
> 设样本集 $X = \{\boldsymbol{x}_1, \cdots, \boldsymbol{x}_N\}$，则 X 上的不相似测度为函数 $d: X^2 \to \mathbb{R}$，则 d 为对称函数，并且 $\forall \boldsymbol{x}_i, \boldsymbol{x}_j \in X, \exists d_{\min} \in \mathbb{R}$，使得
> (1) $-\infty < d_{\min} \leqslant d(\boldsymbol{x}_i, \boldsymbol{x}_j) < +\infty, \forall \boldsymbol{x}_i, \boldsymbol{x}_j \in X$
> (2) $d(\boldsymbol{x}, \boldsymbol{x}) = d_{\min}, \forall \boldsymbol{x} \in X$
> (3) $d(\boldsymbol{x}_i, \boldsymbol{x}_j) = d_{\min}$，当且仅当 $\boldsymbol{x}_i = \boldsymbol{x}_j$
> (4) $d(\boldsymbol{x}_i, \boldsymbol{x}_k) \leqslant d(\boldsymbol{x}_i, \boldsymbol{x}_j) + d(\boldsymbol{x}_j, \boldsymbol{x}_k), \forall \boldsymbol{x}_i, \boldsymbol{x}_j, \boldsymbol{x}_k \in X$
> 如果 $d_{\min} = 0$，则上面定义的不相似性测度 $d(\boldsymbol{x}_i, \boldsymbol{x}_j)$ 也即 $\boldsymbol{x}_i$ 和 $\boldsymbol{x}_j$ 间距离的定义。

不相似度量和相似度量是对立的，若 d 是不相似度，则 $s = c/d$ ($c > 0$ 为常数) 是相似度测度，并且 $(d_{\max} - d) \doteq \big(\max_{\boldsymbol{x}_i, \boldsymbol{x}_j \in X} d(\boldsymbol{x}_i, \boldsymbol{x}_j) - d\big)$ 也是相似度量，反之，相似的命题也成立。

如果输入集 X 做某种限制的话，如集合 X 中的向量被归一化，具有相同的长度，可以使用向量的点积来定义相似性：若 $\boldsymbol{x}_i, \boldsymbol{x}_j \in X$ 则相似度量可以定义为向量之间的内积：

$$s(\boldsymbol{x}_i, \boldsymbol{x}_j) \doteq \boldsymbol{x}_i^{\mathrm{T}} \boldsymbol{x}_j \tag{3.11}$$

此时相似度量由向量 $\boldsymbol{x}_i$ 和 $\boldsymbol{x}_j$ 之间的夹角确定。

---
① 这里所说的"度量"不同于数学中的"测度"的概念。

3.3.2 基于 Mercer 核的测度

由 Mercer 定理可知,核函数满足 $K(\boldsymbol{x}_i, \boldsymbol{x}_j) = \left(\Phi(\boldsymbol{x}_i)\right)^\mathrm{T} \Phi(\boldsymbol{x}_i)$,如果满足 $\forall \boldsymbol{x} \in X, \|\boldsymbol{x}\|_2 = 1$,则可以取核函数值作为特征空间中样本的相似性测度,即

$$s\left(\Phi(\boldsymbol{x}_i), \Phi(\boldsymbol{x}_j)\right) \doteq \left(\Phi(\boldsymbol{x}_i)\right)^\mathrm{T} \Phi(\boldsymbol{x}_j) = K(\boldsymbol{x}_i, \boldsymbol{x}_j), \, \forall \boldsymbol{x}_i, \boldsymbol{x}_j \in X \tag{3.12}$$

而 $1 - K(\boldsymbol{x}_i, \boldsymbol{x}_j)$ 则可以作为特征空间中的不相似性量度。注意到原空间中输入数据的不相似性测度也可以用核函数来定义,例如 $K : (\boldsymbol{x}_i, \boldsymbol{x}_j) \mapsto K(\boldsymbol{x}_i, \boldsymbol{x}_j)$ 取高斯核时,可以定义原始空间中的不相似性测度:

$$d(\boldsymbol{x}_i, \boldsymbol{x}_j) \doteq \sqrt{1 - K(\boldsymbol{x}_i, \boldsymbol{x}_j)} \tag{3.13}$$

可以证明 $d(\boldsymbol{x}_i, \boldsymbol{x}_j)$ 满足输入空间中距离的定义[83],由于该距离使用了核函数进行定义,因而也被称为核诱导距离 (kernel-induced distance) 这一点有比较直观的解释,即原始空间中的样本的不相似性越大,则映射 (高斯核映射) 到特征空间中的样本的不相似性也越大,因此可以将样本从原始空间映射到特征空间后再进行模式识别,这实际上也是核机器学习的基础。

在高斯核映射下,原始空间中的核诱导距离与特征空间中的欧几里得距离等价,即由 Mercer 核的定义可得

$$\begin{aligned} d_F^2\left(\Phi(\boldsymbol{x}_i), \Phi(\boldsymbol{x}_j)\right) &= \|\Phi(\boldsymbol{x}_i) - \Phi(\boldsymbol{x}_j)\|^2 \\ &= \left(\Phi(\boldsymbol{x}_i) - \Phi(\boldsymbol{x}_j)\right)^\mathrm{T} \cdot \left(\Phi(\boldsymbol{x}_i) - \Phi(\boldsymbol{x}_j)\right) \\ &= K(\boldsymbol{x}_i, \boldsymbol{x}_i) + K(\boldsymbol{x}_j, \boldsymbol{x}_j) - 2K(\boldsymbol{x}_i, \boldsymbol{x}_j) \end{aligned} \tag{3.14}$$

如果 $K : (\boldsymbol{x}, \boldsymbol{y}) \mapsto K(\boldsymbol{x}, \boldsymbol{y})$ 为高斯核,或其他径向基函数核,则 $K(\boldsymbol{x}, \boldsymbol{x}) = 1, \forall \boldsymbol{x} \in X$,式 (3.14) 可以简化为

$$d_F^2\left(\Phi(\boldsymbol{x}_i), \Phi(\boldsymbol{x}_j)\right) = 2\left(1 - K(\boldsymbol{x}_i, \boldsymbol{x}_j)\right) \tag{3.15}$$

由前面的讨论可知,$2\left(1 - K(\boldsymbol{x}_i, \boldsymbol{x}_j)\right)$ 可以用来度量特征空间中的不相似性,去掉常数,可以定义 $\boldsymbol{x}_i, \boldsymbol{x}_j$ 间的核诱导距离为

$$d(\boldsymbol{x}_i, \boldsymbol{x}_j) \doteq \sqrt{1 - K(\boldsymbol{x}_i, \boldsymbol{x}_j)} \tag{3.16}$$

其平方实际上和式 (3.15) 等价。

3.4 基于 Mercer 核的模糊 C 均值聚类

3.4.1 特征空间距离展开式与聚类算法

本节考虑通过 Mercer 映射 Φ (对应核函数 K)，将向量 $\boldsymbol{x}_1, \cdots, \boldsymbol{x}_N$ 映射到特征空间 (核空间) F 中，映射样本为 $\Phi(\boldsymbol{x}_1), \cdots, \Phi(\boldsymbol{x}_N)$，并在空间 F 上对映射样本进行 FCM 聚类，称该聚类为 KFCM (kernel-based FCM) 聚类。对应于公式 (2.20)，将样本集 X 划分为 C 类的代价函数定义如下：

$$J_F(\boldsymbol{U}, \boldsymbol{V}) = \sum_{i=1}^{C} \sum_{k=1}^{N} \mu_{i,k}^m \| \Phi(\boldsymbol{x}_k) - \boldsymbol{v}_i^{\Phi} \|^2 \tag{3.17}$$

其中 $\boldsymbol{v}_i^{\Phi}$ 为在特征空间中得到的聚类中心。

使用与 FCM 相同的偏微分方法，可以得到相应的隶属度和聚类中心的定点迭代公式如下：

$$\begin{cases} \boldsymbol{v}_i^{\Phi} = \dfrac{\sum\limits_{k=1}^{N} \mu_{i,k}^m \Phi(\boldsymbol{x}_k)}{\sum\limits_{k=1}^{N} \mu_{i,k}^m} \\ \mu_{i,k} = \dfrac{\| \Phi(\boldsymbol{x}_k) - \boldsymbol{v}_i^{\Phi} \|^{2/(1-m)}}{\sum\limits_{i=1}^{C} \| \Phi(\boldsymbol{x}_k) - \boldsymbol{v}_i^{\Phi} \|^{2/(1-m)}} \end{cases}, \forall (i, k) \in [C] \times [N] \tag{3.18}$$

由上面的公式可见，$\mu_{i,k}$ 取决于 $\Phi(\boldsymbol{x}_k)$ 和 $\boldsymbol{v}_i^{\Phi}$ 间的欧几里得距离 $\| \Phi(\boldsymbol{x}_k) - \boldsymbol{v}_i^{\Phi} \|^2$，由于 Φ 通常是未知的 (或者计算代价太大)，所以公式 (3.18) 可以得到下面的展开形式：

$$\begin{aligned} \| \Phi(\boldsymbol{x}_k) - \boldsymbol{v}_i^{\Phi} \|^2 &= \left(\Phi(\boldsymbol{x}_k) - \boldsymbol{v}_i^{\Phi} \right)^{\mathrm{T}} \left(\Phi(\boldsymbol{x}_k) - \boldsymbol{v}_i^{\Phi} \right) \\ &= \left(\Phi(\boldsymbol{x}_k) \right)^{\mathrm{T}} \Phi(\boldsymbol{x}_k) + \left(\boldsymbol{v}_i^{\Phi} \right)^{\mathrm{T}} \boldsymbol{v}_i^{\Phi} - 2 \left(\Phi(\boldsymbol{x}_k) \right)^{\mathrm{T}} \boldsymbol{v}_i^{\Phi} \\ &= K(\boldsymbol{x}_k, \boldsymbol{x}_k) + \sum_{\ell, j=1}^{N} \alpha_{i,j} \alpha_{i,\ell} K(\boldsymbol{x}_j, \boldsymbol{x}_\ell) - 2 \sum_{j=1}^{N} \alpha_{i,j} K(\boldsymbol{x}_k, \boldsymbol{x}_j) \end{aligned} \tag{3.19}$$

其中

$$\alpha_{i,j} = \frac{\mu_{i,j}^m}{\sum\limits_{\ell=1}^{N} \mu_{i,\ell}^m} \tag{3.20}$$

所以在给出隶属度矩阵 $\boldsymbol{U}$ 的初始估计后，KFCM 算法的定点迭代将在公式 (3.18) 中的

$\mu_{i,k}$ 和公式 (3.19) 之间进行，直到隶属度矩阵 U 满足收敛条件为止。

而在经典 FCM 算法中，数据 x_k 和聚类中心 v_i ($\forall k \in [N], i \in [C]$) 之间的欧几里得距离的平方可以展开为

$$\|x_k - v_i\|^2 = x_k^T x_k + \sum_{\ell,j=1}^{N} \alpha_{i,j}\alpha_{i,\ell} x_j^T x_\ell - 2\sum_{j=1}^{N} \alpha_{i,j} x_k^T x_\ell \qquad (3.21)$$

和传统的 FCM 相比较，KFCM 算法的计算复杂度主要在于在高维空间中的聚类中心 v_i^Φ 不能显式地得到，因而必须计算式 (3.19) 所表示的展开式，必须计算输入数据 $x_1, \cdots, x_N$ 的 Gram 矩阵 $K \doteq [K(x_\ell, x_j)]_{\ell,j=1}^N$。该矩阵 K 为 $N \times N$，可以在迭代前计算完成，并在后面的聚类迭代中供查表使用，对于高斯核而言，K 中元素 $K(x_\ell, x_j)$ 的计算复杂度由指数函数的泰勒级数决定。

这也是 KFCM 算法比 FCM 算法复杂度高的根本原因之一。KFCM 算法和 FCM 可以使用矩阵运算在一个统一的矩阵公式中进行描述：

$$d^2(x_k, \alpha_i) = S_{k,k} + \alpha_i S \alpha_i^T - 2\alpha_i S_k , \forall (i,k) \in [C] \times [N] \qquad (3.22)$$

其中 $S \doteq [S_{j,\ell}]_{N \times N} \in \mathbb{R}^{N \times N}$，其中 $S_{j,\ell}$ 为矩阵 S 的在行列坐标 (j, ℓ) 上的元素值，如果使用 KFCM 算法，$S_{j,\ell} \doteq K(x_j, x_\ell)$，如果使用 FCM 算法，则 $S_{j,\ell} \doteq x_j^T \cdot x_\ell$，而 α_i 为矩阵 $\alpha \doteq [\alpha_{i,k}] \in \mathbb{R}^{C \times N}$ 的第 i 个行向量，而矩阵中元素 $\alpha_{i,k}$ 则由公式 (3.19) 给出。

3.4.2 聚类目标公式和隶属度的迭代式

由上面讨论可知，模糊聚类的目标公式为式 (2.14)，即

$$J(U, \theta) = \sum_{i=1}^{C} \sum_{k=1}^{N} \mu_{i,k}^m \left(S_{k,k} + \alpha_i S \alpha_i^T - 2\alpha_i S_k \right) \qquad (3.23)$$

由式 (2.18) 可得到：

$$\mu_{i,k} = \frac{\left(S_{k,k} + \alpha_i S \alpha_i^T - 2\alpha_i S_k\right)^{1/(1-m)}}{\sum_{j=1}^{C}\left(S_{k,k} + \alpha_i S \alpha_i^T - 2\alpha_i S_k\right)^{1/(1-m)}} , \forall (i,k) \in [C] \times [N] \qquad (3.24)$$

对于 KFCM 和 FCM 算法，S 矩阵在迭代前确定，在给出初始估计 $U(0) \doteq [\mu_{i,k}(0)]_{C \times N}$ 后，算法将在式 (3.22) 和式 (3.24) 中定点迭代，直到矩阵 U 收敛为止。

由上面的分析可以看出，KFCM 和 FCM 算法的计算复杂度的差别不仅仅在于 S 矩阵的表达式上，实际的 FCM 算法中，可以显式地给出参数估计 θ_i，所以在确定 $d(x_k, \theta_i)$ 时，并不需要计算式 (3.21) 这样的展开式。在 FCM 算法中，参数 θ_i 取聚类中心 v_i，并使用式 (2.21)

中的公式 $v_i = \sum_{k=1}^{N} u_{i,k}^m x_k / \sum_{k=1}^{N} u_{i,k}^m$ 进行迭代，一旦显式得到 v_i，确定 $d(x_k, v_i)$ 的计算量将微不足道，而使用公式 $v_i = \sum_{k=1}^{N} u_{i,k}^m x_k / \sum_{k=1}^{N} u_{i,k}^m$ 的计算量远小于式 (3.19)。而 KFCM 算法中，不能得到映射 Φ 的具体形式，所以需要用式 (3.19) 确定 $d(x_k, \theta_i)$。这也是 KFCM 算法的计算复杂度远高于 FCM 算法的主要原因。

3.5 核聚类算法的改进

3.5.1 KFCM-II 算法

针对 KFCM 算法 (也称为 KFCM-I 算法[67]) 的距离平方展开式过于复杂的问题，研究者提出了 KFCM-II 算法[38,66-67]，此算法利用核诱导距离在原始空间中进行聚类，从而大大降低计算的复杂度。

具体地说，KFCM-II 算法使用核诱导距离的平方式来替代公式 (3.19)，即 KFCM-II 算法首先假设在高维空间中得到的聚类中心 v_i^Φ 可以在原始空间中找到原像 v_i，相应地有

$$\begin{aligned} d^2(x_k, v_i) &= \left\| \Phi(x_k) - \Phi(v_i) \right\|^2 \\ &= \Phi(x_k)^T \Phi(x_k) + \Phi(v_i)^T \Phi(v_i) - 2\Phi(x_k)^T \Phi(v_i) \\ &= K(x_k, x_k) + K(v_i, v_i) - 2K(x_k, v_i) \end{aligned} \tag{3.25}$$

如果 K 为高斯核，上式还可以进一步简化为

$$d^2(x_k, v_i) = \left\| \Phi(x_k) - \Phi(v_i) \right\|^2 = 2 - 2K(x_k, v_i) \tag{3.26}$$

将上式代入式 (2.14) 并消除系数 2，可得 KFCM-II 算法的目标公式为

$$J(U, \theta) = \sum_{i=1}^{C} \sum_{k=1}^{N} \mu_{i,k}^m \left(1 - K(x_k - v_i) \right) \tag{3.27}$$

在公式 (2.1) 的约束下，使用拉格朗日乘数法，可以得到极小化式 (3.27) 的定点迭代公式：

$$\mu_{i,k} = \frac{\left(1 - K(\boldsymbol{x}_k, \boldsymbol{v}_i)\right)^{1/(1-m)}}{\sum_{j=1}^{C}\left(1 - K(\boldsymbol{x}_k, \boldsymbol{v}_j)\right)^{1/(1-m)}}$$

$$\boldsymbol{v}_i = \frac{\sum_{k=1}^{N}\mu_{i,k}^m K(\boldsymbol{x}_k, \boldsymbol{v}_i)\boldsymbol{x}_k}{\sum_{k=1}^{N}\mu_{i,k}^m K(\boldsymbol{x}_k, \boldsymbol{v}_i)}$$
(3.28)

可以证明[66,68,78]，$d(\boldsymbol{x}_k, \boldsymbol{v}_k) = \sqrt{1 - K(\boldsymbol{x}_k, \boldsymbol{v}_i)}$ 是定义在原始空间中数据 $\boldsymbol{x}_k$ 和 $\boldsymbol{v}_i$ 的不相似性度量 (定义 3.3)，并且取高斯核时，KFCM-II 算法得到的聚类中心是鲁棒的。

由于测度 $d(\boldsymbol{x}_k, \boldsymbol{v}_i) \doteq \sqrt{1 - K(\boldsymbol{x}_k, \boldsymbol{v}_i)}$ 是在原始空间中进行定义的，因此 KFCM-II 算法是原始空间中非线性聚类算法，实际上也是 KFCM-I 算法的降维形式。由式 (3.28) 可以看出，数据 $\boldsymbol{x}_k$ 对聚类中心 $\boldsymbol{v}_i$ 的贡献将被 $K(\boldsymbol{x}_k, \boldsymbol{v}_i)$ 加权，取高斯核时，核函数值将随着 $\boldsymbol{x}_k$ 与 $\boldsymbol{v}_i$ 距离的增大而指数减小，此时 $\boldsymbol{x}_k$ 对 $\boldsymbol{v}_i$ 的贡献也将减小。

3.5.2 Mercer 映射中原像的问题

KFCM-II 算法之所以被称为是一种降维的核聚类算法，是因为 KFCM-II 算法中使用了 $\|\Phi(\boldsymbol{x}_k) - \Phi(\boldsymbol{v}_i)\|^2$ 来代替 KFCM-I 算法中 $\|\Phi(\boldsymbol{x}_k) - \boldsymbol{v}_i^\Phi\|^2$，其中 $\boldsymbol{v}_i$ 位于映射点所张的空间中，即 $\boldsymbol{v}_i^\Phi$ 可以表示为

$$\boldsymbol{v}_i^\Phi = \sum_{k=1}^{N}\alpha_{i,k}\Phi(\boldsymbol{x}_k),\ \forall i \in [C]$$
(3.29)

其中，$\alpha_{i,k}$ 由公式 (3.20) 决定。而 KFCM-II 算法则假设在原输入空间中可以找到 $\boldsymbol{v}_i^\Phi$ 的原像 $\boldsymbol{v}_i$，通过的 $\boldsymbol{v}_i$ 的显式表达避免了 (3.19) 展开式的计算，进而达到简化聚类的目的。

而对于 Mercer 映射的原像问题，B. Schölkopf 等人指出，对于高斯核来说，若式 (3.29) 中的系数 $\alpha_{i,k}$ 有两个或两个以上不为零时，则在原向量空间中找不到 $\boldsymbol{v}_i^\Phi$ 的原像[79]。

由于找不到 $\boldsymbol{v}_i$ 的原像，作为一种次优的方法，可以寻找原向量空间的中向量 $\boldsymbol{x}$，并使其与 $\boldsymbol{v}_i^\Phi$ 的某个量度 $d(\boldsymbol{x}, \boldsymbol{v}_i^\Phi)$ 尽量小，在这个意义下，$\boldsymbol{x}$ 称为 $\boldsymbol{v}_i^\Phi$ 的近似原像 (approximate pre-image)[84-85]。

我们可以证明对于高斯核，公式 (3.28) 中的 $\boldsymbol{v}_i$ 为如下问题的最优解 (近似原像) 的迭代式：

$$\boldsymbol{x}_{\text{opt}} = \operatorname{argmin}_{\boldsymbol{x} \in \mathcal{X}}\|\Phi(\boldsymbol{x}) - \boldsymbol{v}_i^\Phi\|$$
(3.30)

证明 令 $f(\boldsymbol{x}) = \|\Phi(\boldsymbol{x}) - \boldsymbol{v}_i\|^2$，则近似原像 $\boldsymbol{x}_{\text{opt}}$ 满足 $\left.(\partial f/\partial \boldsymbol{x})\right|_{\boldsymbol{x}_{\text{opt}}} = 0$，其中

$$f(\boldsymbol{x}) = \|\Phi(\boldsymbol{x}) - \boldsymbol{v}_i^\Phi\|^2 = \left(\Phi(\boldsymbol{x}) - \boldsymbol{v}_i^\Phi\right)^{\mathrm{T}} \left(\Phi(\boldsymbol{x}) - \boldsymbol{v}_i^\Phi\right)$$
$$= \left(\Phi(\boldsymbol{x})\right)^{\mathrm{T}} \Phi(\boldsymbol{x}) + \left(\boldsymbol{v}_i^\Phi\right)^{\mathrm{T}} \boldsymbol{v}_i^\Phi - 2\left(\Phi(\boldsymbol{x})\right)^{\mathrm{T}} \boldsymbol{v}_i^\Phi$$
$$= K(\boldsymbol{x},\boldsymbol{x}) + \sum_{\ell,j=1}^{N} \alpha_{i,j}\alpha_{i,\ell} K(\boldsymbol{x}_j,\boldsymbol{x}_\ell) - 2\sum_{j=1}^{N} \alpha_{i,j} K(\boldsymbol{x},\boldsymbol{x}_j)$$

其中 $K(\boldsymbol{x},\boldsymbol{y}) \doteq \exp\left(-\sigma^{-2}\|\boldsymbol{x}-\boldsymbol{y}\|^2\right)$，则

$$f(\boldsymbol{x}) = 1 + \sum_{\ell,j=1}^{N} \alpha_{i,j}\alpha_{i,\ell} K(\boldsymbol{x}_j,\boldsymbol{x}_\ell) - 2\cdot\sum_{j=1}^{N} \alpha_{i,j} K(\boldsymbol{x},\boldsymbol{x}_j)$$

并且

$$\frac{\partial f(\boldsymbol{x})}{\partial \boldsymbol{x}} = 0 \Rightarrow \frac{\partial\left(\sum\limits_{j=1}^{N}\alpha_{i,j} K(\boldsymbol{x},\boldsymbol{x}_j)\right)}{\partial \boldsymbol{x}} = 0$$
$$\Rightarrow \sum_{j=1}^{N} \alpha_{i,j} K(\boldsymbol{x},\boldsymbol{x}_j)\boldsymbol{x}_j = \sum_{j=1}^{N} \alpha_{i,j} K(\boldsymbol{x},\boldsymbol{x}_j)\boldsymbol{x}$$

可得

$$\boldsymbol{x} = \frac{\sum\limits_{j=1}^{N} \alpha_{i,j} K(\boldsymbol{x},\boldsymbol{x}_j)\boldsymbol{x}_j}{\sum\limits_{j=1}^{N} \alpha_{i,j} K(\boldsymbol{x},\boldsymbol{x}_j)}$$

其中 $\alpha_{i,j}$ 由式 (3.20) 决定，分子分母同乘以 $\sum\limits_{\ell=1}^{N} \mu_{i,\ell}^m$，可得

$$\boldsymbol{v}_i = \sum_{k=1}^{N} \mu_{i,k}^m K(\boldsymbol{x}_k,\boldsymbol{v}_i)\boldsymbol{x}_k \Big/ \sum_{k=1}^{N} \mu_{i,k}^m K(\boldsymbol{x}_k,\boldsymbol{v}_i)$$

上面证明了 KFCM-II 算法实际上是 KFCM-I 算法使用近似原像的简化版本，因此 KFCM-II 算法效率的提升是以为牺牲 KFCM-I 算法聚类模型的精度为代价的。

3.5.3 KFCM-II 聚类初始化

由 KFCM-II 算法的定点迭代公式 (3.28) 可以看出，隶属度矩阵 $\boldsymbol{U} \doteq (\mu_{i,k}) \in \mathbb{R}^{C\times N}$ 和聚类中心向量 $\boldsymbol{v}_1,\cdots,\boldsymbol{v}_C$ 迭代和其初始估计都有关，即该算法在对 $\boldsymbol{U}$ 进行初始估计前，必

须首先对聚类中心 $v_1,\cdots,v_C$ 进行估计。因此就聚类的初始化这一点，KFCM-II 算法相对 KFCM-I 算法和传统的 FCM 算法而言提出了更高的要求——即 $v_1,\cdots,v_C$ 的初始估计至关重要。由前面的讨论可以看出，KFCM-I 算法的迭代无须确定聚类中心，其迭代过程由 U 的初始估计与数据的 Gram 矩阵确定。传统的 FCM 算法中，聚类中心完全依赖于隶属度矩阵和数据集，因此在初始化时也无须对聚类中心进行单独地估计。同时目标公式的非凸性，U 和 $V\doteq\{v_1,\cdots,v_C\}$ 的初始估计将对 KFCM-II 算法的收敛结果产生重大影响，不良的 U 和 V 的初始估计将使目标公式的优化陷入局部极小值，当然这是其他聚类的算法共有的一个缺点，因此需要对 KFCM-II 算法的初值进行良好的估计以提高其聚类效果。

对聚类中心 v_i 的初始估计实际上即 $v_i^\phi,\forall i\in[C]$ 近似原像的初始估计。虽然公式 (3.29) 是在 $\|\Phi(x)-v_i^\phi\|$ 极小化准则下得到，但是所得的迭代式中包含了 v_i 的初始值，因此如果缺乏 v_i 的良好估计的话，则依然不能说很好地解决了近似原像的问题。然而 KFCM-II 算法中并未给出 $v_1,\cdots,v_C$ 的初始估计方法，但是一种可以采用的简单方法是使用 FCM 的聚类结果作为 KFCM-II 算法中 $v_1,\cdots,v_C$ 的初始估计。

3.5.3.1 基于核函数值的初始估计

聚类可以绕过对 $v_1,\cdots,v_C$ 的初始估计，而直接对 $K(x_k,v_i)$ 进行估计。对于高斯核可以用下面的方法[85]。

设 x,y 为原始空间中的两个点，经过 Mercer 映射后得到 $\Phi(x),\Phi(y)$，并且在特征空间中满足下式：

$$\|\Phi(x)-\Phi(y)\|^2 = K(x,x)+K(y,y)-2K(x,y) \tag{3.31}$$

对于满足 $K(x,x)\equiv 1$ 的 Mercer 核 (如高斯核)，式 (3.31) 可以简化为

$$\|\Phi(x)-\Phi(y)\|^2 = 2\Big(1-K(x,y)\Big) \tag{3.32}$$

也即

$$K(x,y) = 1 - \|\Phi(x)-\Phi(y)\|^2\big/2 \tag{3.33}$$

令 v_i^ϕ 为高维空间中的聚类中心，v_i 是 v_i^ϕ 的近似原像，则由式 (3.33) 可以得到 $K(x_k,v_i)$ 的估计式如下：

$$\hat{K}(x_k,v_i) = 1 - \|\Phi(x_k)-v_i^\phi\|^2\big/2,\ \forall i\in[C] \tag{3.34}$$

上式中表达式 $\|x_k-v_i^\phi\|^2$ 由 (3.19) 和 (3.20) 两式给出，因此只需对式 (3.20) 中的加权系数 (也即各点的隶属度) 进行单独估计即可，例如可以取 FCM 算法的结果作为的核聚类的初始隶属度。

3.5.3.2 基于 MDS 方法的初始估计

对于高斯核而言，由式 (3.34) 还可以得到下面的近似关系[72,84]：

$$d_{i,k}^2 = \|\boldsymbol{x}_k - \boldsymbol{v}_i\|^2 \approx -\sigma^2 \ln\left(1 - \frac{\|\boldsymbol{x}_k - \boldsymbol{v}_i^\phi\|^2}{2}\right) \tag{3.35}$$

由上式可以确定近似原像 $\boldsymbol{v}_i$ 到各个样本点 $\boldsymbol{v}_1, \cdots, \boldsymbol{v}_C$ 的距离，在此基础上使用 MDS (multidimensional scaling) 方法[84]，利用输入数据 $\boldsymbol{x}_1, \cdots, \boldsymbol{x}_N$ 和不相似度列向量：

$$\boldsymbol{d}_i^2 \doteq \left(d_{i,1}^2, \cdots, d_{i,N}^2\right)^{\mathrm{T}}, \; \forall i \in [C] \tag{3.36}$$

可以重建 $\boldsymbol{v}_i$ 在输入空间中的坐标[84,86]。

重建近似原像 $\boldsymbol{v}_i$ 的步骤方法可以归纳如下：

记输入向量 $\boldsymbol{x}_1, \cdots, \boldsymbol{x}_N$ 的平均值 $\bar{\boldsymbol{x}} \doteq (1/N) \cdot \sum_{k=1}^{N} \boldsymbol{x}_k$，以 $(\boldsymbol{x}_k - \bar{\boldsymbol{x}})$ 作为矩阵 $\boldsymbol{X}$ 的第 k 个列向量，即 $\boldsymbol{X} \doteq [(\boldsymbol{x}_1 - \bar{\boldsymbol{x}}), \cdots, (\boldsymbol{x}_N - \bar{\boldsymbol{x}})]$。

令矩阵 $\boldsymbol{H} \in \mathbb{R}^{N \times N}$ 定义如下：

$$\boldsymbol{H} = \boldsymbol{I} - (1/N) \cdot \left(\boldsymbol{1}\boldsymbol{1}^{\mathrm{T}}\right) \tag{3.37}$$

其中 $\boldsymbol{1} \doteq [1, \cdots, 1]^{\mathrm{T}} \in \mathbb{R}^N$。

不难验证，矩阵 $\boldsymbol{H}$ 为非满秩矩阵，满足 $\text{rank}\,\boldsymbol{H} = N - 1$。对矩阵 $\boldsymbol{XH}$ 作奇异值分解，可得

$$\boldsymbol{XH} = \boldsymbol{U} \cdot \boldsymbol{S} \cdot \boldsymbol{V}^{\mathrm{T}} \tag{3.38}$$

其中 $\boldsymbol{U}^{\mathrm{T}}\boldsymbol{U} = \boldsymbol{V}^{\mathrm{T}}\boldsymbol{V} = \boldsymbol{I}_{r \times r}$，其中 $r = \text{rank}(\boldsymbol{XH})$，$\boldsymbol{S}$ 为 $r \times r$ 的对角阵。

令 $\boldsymbol{Z} = \boldsymbol{S} \cdot \boldsymbol{V}^{\mathrm{T}} \in \mathbb{R}^{r \times N}$，$\boldsymbol{z}_k \in \mathbb{R}^r$ 为矩阵 $\boldsymbol{Z}$ 的第 k 个列向量 ($\forall k \in [N]$)。并令列向量 $\boldsymbol{d}_0^2 \doteq \left(\|\boldsymbol{z}_1\|^2, \cdots, \|\boldsymbol{z}_N\|^2\right)^{\mathrm{T}}$，则核聚类中心 $\boldsymbol{v}_i^\phi$ 在原始空间中的原像 $\boldsymbol{v}_i$ 可以由下面公式给出：

$$\boldsymbol{v}_i = \frac{1}{2} \cdot \boldsymbol{U} \cdot \boldsymbol{S}^{-1} \cdot \boldsymbol{V}^{\mathrm{T}} \cdot \left(\boldsymbol{d}_i^2 - \boldsymbol{d}_0^2\right) + \bar{\boldsymbol{x}} \tag{3.39}$$

3.5.3.3 初始估计的计算量问题

由上述的初始化方法可以看出，无论是基于核函数值的方法还是基于 MDS 的方法，都需要计算特征空间中的表达式 $\|\boldsymbol{x}_k - \boldsymbol{v}_i^\phi\|^2$。而 $\|\boldsymbol{x}_k - \boldsymbol{v}_i^\phi\|^2$ 由 (3.19) 和 (3.20) 两式决定，对该表达式的计算实际上也是 KFCM-I 算法要解决的核心问题。但是与 KFCM-I 算法每次迭代均要计算式 (3.19) 不同，对 KFCM-II 算法使用上述初始估计只要计算式 (3.19) 一次，而后续迭代则由式 (3.28) 决定。所以基于核函数值的初始估计 (3.5.3.1 节) 的计算量相当于 KFCM-I 算法

中一次迭代的计算量，而基于 MDS 方法的初始估计除此之外，还要进行奇异值的分解以及矩阵乘法，但仍可粗略地认为基于 MDS 方法的初始估计的计算量可以和 KFCM-I 算法的一次迭代相比拟。

因此上面的初始估计等价于 KFCM-I 算法的首次的迭代结果，使用上述初始化的 KFCM-II 算法等价于首先使用 KFCM-I 算法进行初次迭代，然后再转由 KFCM-II 算法完成后面的聚类，而 KFCM-I 算法的初始估计则可以使用 FCM 的聚类结果。因为 KFCM-II 算法的计算复杂度远低于 KFCM-I 算法，故使用上述初始化方法依然可以达到简化计算并保证聚类准确度的效果。

3.5.4 高斯核 σ 参数的确定

由于高斯核任意阶可微，因此在各类核方法中得到了广泛的应用。高斯核 $K(\boldsymbol{x},\boldsymbol{y}) = \exp\left(-\sigma^{-2}\|\boldsymbol{x}-\boldsymbol{y}\|^2\right)$ 的参数 σ 对于算法的有效性至关重要。当 $\sigma \to \infty$，$K(\boldsymbol{x},\boldsymbol{y}) \to 1$，此时所有的映射点在特征空间中近似平行分布，而当 $\sigma \to 0$，$K(\boldsymbol{x},\boldsymbol{y}) \to 0$，此时所有的映射点都是近似正交的，因此在这两种情况下都难以进行有效的聚类，所以需要为核聚类算法选择适合的参数 σ。

对于高斯核参数 σ 的选择依然缺乏有效的理论和方法[87-90]，而通常是通过实验结果或根据经验加以确定。由于样本分布的差异(如 MRI 图像中噪声和有偏场的差异)以及有效判据的缺失(Ground Truth 数据难以得到)，通过实验和经验的方法确定 σ 依然存在很多困难。

由于高斯核可以写成 $K(\boldsymbol{x},\boldsymbol{y}) = \kappa(\boldsymbol{x}-\boldsymbol{y})$，其中，$\kappa = \exp\left(-\sigma^{-2}\|\boldsymbol{x}-\boldsymbol{y}\|^2\right)$，因此可以假设 $(\boldsymbol{x}-\boldsymbol{y})$ 分布在 $\kappa(\cdot)$ 的拐点附近，从而使 $K(\boldsymbol{x},\boldsymbol{y})$ 有效地量度 $\boldsymbol{x}$ 和 $\boldsymbol{y}$ 间相似性。当 $\|\boldsymbol{x}-\boldsymbol{y}\|$ 取 $\kappa(\cdot)$ 的拐点，满足下式：

$$\|\boldsymbol{x}-\boldsymbol{y}\|^2 = \sigma^2/2 \tag{3.40}$$

对于数据集 $X \doteq \{\boldsymbol{x}_1,\cdots,\boldsymbol{x}_N\}$，可以使用任意两点间度量 $d_{j,k} \doteq \|\boldsymbol{x}_j - \boldsymbol{x}_k\|^2$ 的均值来确定 σ^2，即

$$\sigma^2 = \frac{4}{N(N-1)} \cdot \sum_{j=1}^{N}\sum_{k=i+1}^{N} \|\boldsymbol{x}_j - \boldsymbol{x}_k\|^2 \tag{3.41}$$

考虑到 KFCM-II 算法可以在原始空间中显式地得到聚类中心 $\boldsymbol{v}_i$，因此在确定核参数 σ 时，参数 σ^2 应该和 $\|\boldsymbol{x}_k - \boldsymbol{v}_i\|, \forall (k,i) \in [N] \times [C]$ 的某个平均值有关，后面的章节将对这个问题进一步讨论。

3.6 FCM 和 KFCM-II 的实验结果及讨论

本节使用传统的 FCM 和 KFCM-II 算法对 MRI 切片进行分割实验。对于一帧 MRI 切片而言，最重要的特征为像素的灰度值。除此之外，考虑其邻域像素的灰度分布和约束，还可以建立不同的灰度图像。

下面使用了 MNI BrainWeb 的 MRI Phantom 数据进行了分割实验，该数据是一组由模拟器产生的仿真 MRI 脑部图像，可以通过模拟器方便地控制所得图像的噪声水平和灰度不均匀场的影响。由于 BrainWeb MRI Phantom 数据还提供了脑组织在图像空间和灰度分布上的精确信息，因此使用该数据可以方便地进行各种受控的分割实验。并且 MRI Phantom 的 Ground Truth 数据可用来和实验结果进行比较，从而定量地分析分割结果的优劣[3,5,34]。

图3.1所示为一帧 T1 加权的 MRI Brain Phantom 轴向数据。图像为 256 级灰度，大小为 217×181 像素，并受到 5% 的高斯噪声和 40% 的有偏场的影响。

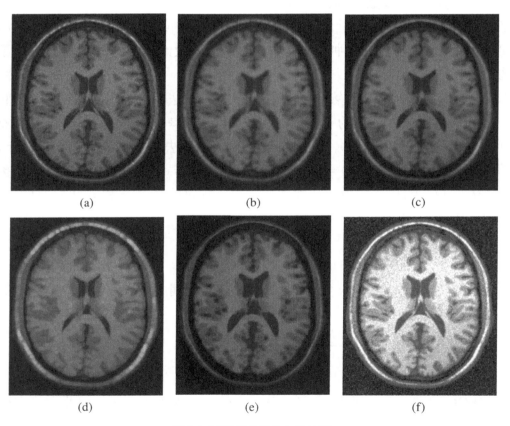

图 3.1 MRI 切片及其灰度特征

其中图3.1(a) 为原始图像，图3.1(b) 为原图的均值滤波图，使用图像可以用于抑制加性噪声的影响。图3.1(c) 所示的为原始数据的中值滤波图，使用该图可以有效地抑制椒盐噪声。图3.1(d)的灰度由八邻域中灰度的最大值确定,其灰度值描述了邻域中灰度分布的上限。图3.1(e)

的灰度由八邻域灰度的最小值确定，其灰度值描述了该邻域灰度分布的下限。图3.1(f) 为原始数据的灰度均衡图像，其灰度直方图较之图3.1(a) 在整个灰度范围内分布得更加均匀。

上面的预处理图像 (b)~(f) 从不同的角度描述了图像的特征，可以用于产生多通道数据作为聚类输入数据。本节的实验以像素为聚类单位，提取图 (a)~(f) 对应的位置的灰度值构成像素的特征向量。记图 (a)~(b) 的像素 k 处的灰度值分别为 $x_1, \cdots, x_6$，则其特征向量为 $\boldsymbol{x}_k = (x_1, \cdots, x_6)^{\mathrm{T}}$。在分别使用 FCM 算法和 KFCM-II 算法进行聚类前，首先使用了简单的阈值分割结果作为聚类的初始数据，并且聚类目标公式中，参数 $m = 2$。

图3.2为使用FCM算法将图像分割为白质、灰质和脊髓液的分割结果，分割前已经去除了图像的颅外部分。由分割结果可以看出，由于噪声和有偏场的存在，FCM 的分割结果依然存在大量离散的部分，使用该数据的标准分割结果可以对已有的分割结果进行定量的分析。本节用来衡量分割结果的定量指标为分割正确率accuracy[91]，该指标定义如下：

$$\text{accuracy} = N'/N \leqslant 1 \tag{3.42}$$

其中，N' 为正确分类的样本 (像素) 数目；N 为所有的输入的样本 (像素) 数目。显然，指标 accuracy 越接近于 1 越好。

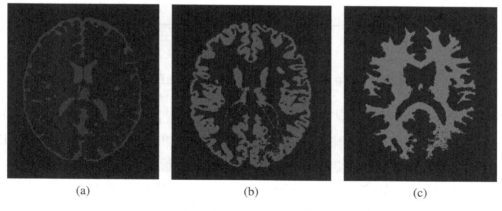

图 3.2 FCM 算法的分割结果

在使用基于高斯核的 KFCM-II 算法对图 3.1所示的多通道数据进行聚类时，高斯核参数 σ^2 的选取采用了实验的方法，即在 σ^2 取不同数值时分别对图像进行分割实验。图3.3为 σ^2 取不同数值时，准确度accuracy的曲线。由图3.3可见，当 σ^2 在一个相当宽的区间内时，KFCM-II 算法并不比 FCM 算法更优。当 σ^2 足够大时，则 KFCM-II 算法效果接近或略高于 FCM。当 σ^2 取比较大的数值时，高斯核满足：

$$K(\boldsymbol{x}, \boldsymbol{y}) \approx 1 - \frac{\|\boldsymbol{x} - \boldsymbol{y}\|^2}{\sigma^2} \tag{3.43}$$

此时，式 (3.27) 中的不相似性测度：

$$1 - K(\boldsymbol{x}_k, \boldsymbol{v}_i) \approx \frac{\|\boldsymbol{x}_k - \boldsymbol{v}_i\|^2}{\sigma^2} \tag{3.44}$$

此时算法性能接近于基于 L_2 范数 (平方) 的不相似度量的聚类算法。可见，仅仅使用简单的聚类初始化, 并使用 3×3 邻域对图像进行邻域处理 (以得到多通道数据), 则 KFCM-II 算法相对于传统的 FCM 算法而言, 性能提高有限。虽然 KFCM-II 算法的聚类模型优于 FCM 算法, 但是聚类的初始估计和图像的空间约束也是影响聚类算法最终结果的重要原因。

由图3.3可见, 高斯核参数 σ^2 的取值对于聚类的最终结果虽然很重要, 但是如果没有采用良好的初始分割和空间约束, 则 KFCM 算法的聚类结果也容易陷入目标函数局部极小值, 从而不能得到优于 FCM 算法的结果。

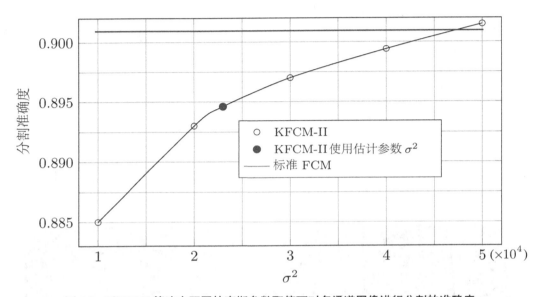

图 3.3 KFCM-II 算法在不同的高斯参数取值下对多通道图像进行分割的准确度

由于图像中具有相同性质的区域在空间上往往是连续性分布的, 因此邻域中的像素往往以一个较大的概率分布于同一分割区域。为了提高算法的准确率, 可以在 KFCM-II 算法的目标公式中引入图像的空间约束补偿项, 并在实验中采用更优的初始分割结果。

在使用 KFCM-II 算法的实验中, 对于聚类的初始化, 分别了采用下面三种方法, 即

(1) 使用 FCM 的分割结果作为初始值;

(2) 基于核函数值的初始估计 (见3.5.3.1小节);

(3) 基于 MDS 方法初值的估计 (见3.5.3.2小节)。

实验表明对于一般规模的图像分割问题, 如在分割图3.1所示的多通道图像时, 除去颅外像素后, 对剩余感兴趣的区域 (region of interst, ROI) (两万个像素左右, 即参数 $N \approx 20\,000$) 进行三分割 ($C = 3$) 时, 分别使用上述的三种初始化方法, 最终所得的分割结果差距不大。但是后两种初始化方法的计算量却远高于第一种方法, 因此在图像拥有较高分辨率的情况下, 可以用 FCM 的分割结果作为 KFCM-II 算法的初始值。

如前所述, (2) 和 (3) 方法的计算量和 KFCM-I 算法的一次迭代相当。由式 (3.19) 可知, 核距离平方展开式的计算需要首先得到 Gram 矩阵 (核函数矩阵), 当 $N = 20\,000$ 时, 且矩阵元素采用双精度 (8 个字节) 来表示时, 但存储 Gram 矩阵就需要超过 3G 字节的空间。这对计算机器而言是一个较大的负担, 对于这样规模的聚类问题来说, 即使事先计算并存储 Gram 矩阵, 也不可避免内存和外存的频繁交换, 从而影响算法的效率。另外在计算式 (3.19) 时, 需

要对所有的 $k \in [N]$ 和所有的 $i \in [C]$ 进行遍历。而对于给定的 k 和 i，计算量主要由第二项 $\sum_{\ell,j=1}^{N} \alpha_{i,j}\alpha_{i,\ell}K(\boldsymbol{x}_j, \boldsymbol{x}_\ell)$ 决定，这意味着即使不考虑计算 Gram 矩阵和系数矩阵 $\boldsymbol{\alpha} = [\alpha_{i,j}]_{C \times N}$ 的代价，也需要进行 $2N^2$ 次乘法 (当 $N = 20\,000$, $2N^2 = 8 \times 10^8$)。由于 Gram 矩阵难以事先存储 (空间复杂性)，如果采用以时间复杂度换空间复杂度的策略，则不得不在计算式 (3.19) 时重复计算核函数的值。因此当 $N \approx 20\,000$ 时，即使进行简单的分类 (例如三分割，$C = 3$)，个人计算机也不容易完成这样的任务。

3.7 本章小结

本章首先对核方法的基本概念进行了介绍，简要介绍了 Mercer 映射、判定条件、常用的 Mercer 核函数以及在核聚类算法中，利用 Mercer 核构造的数据间的相似性测度。利用高斯核在高维空间中对映射点进行模糊聚类，可以得到相应的 KFCM-I 算法，本章对 KFCM-I 算法及其计算量进行了讨论，介绍了使用核诱导距离的 KFCM-II 算法，并证明了 KFCM-II 算法在原始空间中得到聚类中心实际上是高维空间中核聚类中心的近似原像。针对 KFCM-I 算法对聚类初始值比较敏感的问题，讨论了相应的高斯核参数 σ 的估计方法以及聚类的初始化方法，最后通过实验对 FCM 算法和 KFCM-II 算法的聚类性能进行了比较和讨论。

4 空间约束的核聚类图像分割算法

4.1 引言

为了提高图像分割的准确性，可以在聚类的过程中考虑图像的空间约束。例如在进行图像的分割时，像素和聚类中心的差别在很大程度上受其邻域的影响，而不仅仅和像素自身的特征有关。通常，特征相似的像素在空间上是彼此靠近的，从而形成分段光滑的区域，应该被划分为同一类。因此可以在聚类的过程中加入空间约束来补偿噪声和有偏场的影响[42-45,92-94]。例如 Ahmed 等人提出的聚类算法，在传统的目标公式中增加了一个邻域的补偿项，从而减弱了图像中随机噪声的影响。该算法考虑了像素和聚类中心的差异受邻域像素的影响，并在聚类过程中进行了图像灰度不均匀场的估算[91]。而 Liew 等人提出了一种新的像素差别指标来度量各点空间上的联系，并使用 B 样条插值的方法来表示有偏场，从而使改进的算法可以得到更准确的分割结果[23]。

在图像空间信息的提取方法中，Markov 随机场 (MRF) 理论可以很好地表述邻域中各点的相互影响，MRF 模型对势团能量 (clique energy) 估算实际上决定了标记场的先验概率，因此可以弥补传统聚类算法对空间约束描述的不足，从而克服仅以像素灰度为输入数据的聚类算法的固有缺陷。Markov 场模型在图像处理邻域中得到了广泛的应用，例如陈武凡等人使用广义模糊 Markov 模型，提出了广义模糊的 Gibbs 分割算法，该算法首先把每个分类定义为广义模糊类，然后基于 Markov 模型，使用最大后验概率决定每个像素的归类和隶属度。总之利用 Markov 模型的聚类算法可以有效地减弱噪声和部分容积效应的影响[7,32,95-98]。

这种在分割过程中引入空间约束的思想同样可以应用在核聚类算法中，例如可以通过在 KFCM-II 算法的目标公式中加入一个像素邻域的补偿项 (使用数据隶属度或核函数来量度) 来提高聚类的准确度，引入的空间约束可以提高分割算法对噪声和有偏场的不敏感性，从而得到分段光滑的结果。

4.2 使用空间约束的 KFCM-II 聚类

KFCM-II 算法可以使用两种不同的空间约束[67]，其中的空间补偿项分别采用隶属度和邻域特征进行描述。其中第一种补偿项使用了邻域像素隶属度量的加权平均值，第二种则使用了邻域特征与聚类中心的核函数的加权和。两者在数学上并没有本质上的区别，具体地说，采用第一种空间补偿的 KFCM-II 算法 (称为 SKFCM) 的聚类目标公式可以写为

$$J_{\text{SKFCM}} = \sum_{i=1}^{C}\sum_{k=1}^{N} \mu_{i,k}^m \left(1 - K(\boldsymbol{x}_k, \boldsymbol{v}_i)\right) + \frac{\alpha}{N_R}\sum_{i=1}^{C}\sum_{k=1}^{N} \mu_{i,k}^m \left(\sum_{r\in \boldsymbol{N}_k}(1-\mu_{i,r})^m\right) \tag{4.1}$$

其中，K 为高斯核函数；$\boldsymbol{N}_k$ 为像素 $\boldsymbol{x}_k$ 的邻域 (不包括目标像素自身)；N_R 为邻域中像素的数目；系数 $\alpha \geqslant 0$，用来控制空间约束项在聚类目标公式中的比重。对应于式 (4.1) 的聚类迭代公式为

$$\mu_{i,k} = \frac{\left(1 + K(\boldsymbol{x}_k, \boldsymbol{v}_i) + \dfrac{\alpha}{N_R}\sum_{r\in \boldsymbol{N}_k}(1-\mu_{i,r})^m\right)^{\frac{1}{(1-m)}}}{\sum_{j=1}^{C}\left(1 + K(\boldsymbol{x}_k, \boldsymbol{v}_j) + \dfrac{\alpha}{N_R}\sum_{r\in \boldsymbol{N}_k}(1-\mu_{j,r})^m\right)^{\frac{1}{(1-m)}}} \tag{4.2}$$

$$\boldsymbol{v}_i = \frac{\sum_{k=1}^{N}\mu_{i,k}^m K(\boldsymbol{x}_k, \boldsymbol{v}_i)\boldsymbol{x}_k}{\sum_{k=1}^{N}\mu_{i,k}^m K(\boldsymbol{x}_k, \boldsymbol{v}_i)} \tag{4.3}$$

采用第二种空间约束的 KFCM-II 算法 (称为 KFCM-S) 的目标公式为

$$J_{\text{KFCM-S}} = \sum_{i=1}^{C}\sum_{k=1}^{N}\mu_{i,k}^m\left(1 - K(\boldsymbol{x}_k - \boldsymbol{v}_i)\right) + \frac{\alpha}{N_R}\sum_{i=1}^{C}\sum_{k=1}^{N}\mu_{i,k}^m\left(\sum_{r\in \boldsymbol{N}_k}\left(1 - K(\boldsymbol{x}_r, \boldsymbol{v}_i)\right)\right) \tag{4.4}$$

相应的聚类迭代公式为

$$\mu_{i,k} = \frac{\left(1 - K(\boldsymbol{x}_k, \boldsymbol{v}_i) + \dfrac{\alpha}{N_R}\sum_{r\in \boldsymbol{N}_k}\left(1 - K(\boldsymbol{x}_r, \boldsymbol{v}_i)\right)\right)^{\frac{1}{1-m}}}{\sum_{j=1}^{C}\left(1 - K(\boldsymbol{x}_k, \boldsymbol{v}_j) + \dfrac{\alpha}{N_R}\sum_{r\in \boldsymbol{N}_k}\left(1 - K(\boldsymbol{x}_r, \boldsymbol{v}_j)\right)\right)^{\frac{1}{1-m}}} \tag{4.5}$$

$$\boldsymbol{v}_i = \frac{\sum_{k=1}^{N}\mu_{i,k}^m\left(K(\boldsymbol{x}_k, \boldsymbol{v}_i)\boldsymbol{x}_k + \dfrac{\alpha}{N_R}\sum_{r\in \boldsymbol{N}_k}K(\boldsymbol{x}_r, \boldsymbol{v}_i)\boldsymbol{x}_r\right)}{\sum_{k=1}^{N}\mu_{i,k}^m\left(K(\boldsymbol{x}_k, \boldsymbol{v}_i) + \dfrac{\alpha}{N_R}\sum_{r\in \boldsymbol{N}_k}K(\boldsymbol{x}_r, \boldsymbol{v}_i)\right)} \tag{4.6}$$

作为一种近似的方法，式 (4.4) ∼ (4.6) 中的邻域运算满足：

$$\frac{1}{N_R}\sum_{r\in \boldsymbol{N}_k}\left(1 - K(\boldsymbol{x}_r, \boldsymbol{v}_i)\right) \approx 1 - K(\bar{\boldsymbol{x}}_k, \boldsymbol{v}_i) \tag{4.7}$$

其中，$\bar{\boldsymbol{x}}_k$ 为滤波图像在对应位置处的像素特征，滤波图像可以通过均值滤波或者中值滤波得到，并可在聚类前的预处理阶段完成。使用图像滤波简化了迭代过程中需要进行的邻域的操

作，从而加快了聚类的速度。因此式 (4.4) ~ (4.7) 还可以简化为

$$J_{\text{KFCM-S}} = \sum_{i=1}^{C} \sum_{k=1}^{N} \mu_{i,k}^m \left[1 - K(\boldsymbol{x}_k, \boldsymbol{v}_i) + \alpha \left(1 - K(\bar{\boldsymbol{x}}_k - \boldsymbol{v}_i) \right) \right] \tag{4.8}$$

$$\mu_{i,k} = \frac{\left[1 - K(\boldsymbol{x}_k, \boldsymbol{v}_i) + \alpha \left(1 - K(\bar{\boldsymbol{x}}_k, \boldsymbol{v}_i) \right) \right]^{1/(1-m)}}{\sum_{j=1}^{C} \left[1 - K(\boldsymbol{x}_k, \boldsymbol{v}_j) + \alpha \left(1 - K(\bar{\boldsymbol{x}}_k, \boldsymbol{v}_j) \right) \right]^{1/(1-m)}} \tag{4.9}$$

$$\boldsymbol{v}_i = \frac{\sum_{k=1}^{N} \mu_{i,k}^m \left(K(\boldsymbol{x}_k, \boldsymbol{v}_i) \boldsymbol{x}_k + \alpha K(\bar{\boldsymbol{x}}_k, \boldsymbol{v}_i) \bar{\boldsymbol{x}}_k \right)}{\sum_{k=1}^{N} \mu_{i,k}^m \left(K(\boldsymbol{x}_k, \boldsymbol{v}_i) + \alpha K(\bar{\boldsymbol{x}}_k, \boldsymbol{v}_i) \right)} \tag{4.10}$$

实验表明式 (4.8) 作为式 (4.4) 的简化形式是有效的[67]。当 $\boldsymbol{x}_k$ 取邻域均值时，相应的算法被称为 KFCM-S1，当 $\boldsymbol{x}_k$ 取邻域中值时，相应的算法被称为 KFCM-S2。

需要指出，SKFCM 算法和 KFCM-S 算法在本质上是相同的。两者的实质都是使用图像的空间约束来补偿 KFCM-II 算法中核诱导距离表示的不相似指标。注意到当 $\alpha \to 0$ 时，SKFCM 算法和 KFCM-S 算法逐步退化为无空间约束的 KFCM-II 算法，而当 $\alpha \to \infty$ 时，相当于将 KFCM-II 算法直接用于分割滤波图像。使用无空间约束的 KFCM-II 算法 ($\alpha = 0$) 分割图像，当目标图像的信噪比较高时，可得到有效的分割结果，而对于低信噪比的图像，首先进行图像的邻域滤波，然后再进行聚类，则分割结果显然更有效。而对于两者之间的状态，则使用系数 α 平衡之。虽然还没有很好的方法确定 α，但是可以使用实验的方法来确定 α 的取值，这在先验知识缺失的情况下也是一个比较困难的问题。同样，作为 KFCM-S、KFCM-S1、KFCM-S2 算法非核版本的 FCM-S, FCM-S1、FCM-S2 算法也使用了类似的系数 α 来确定空间约束项的比重[66-67,93,99]，并通过实验的方法来确定其最优值，这对于图像的自动分割不能不说是一个缺陷。

对于 KFCM-II 算法中高斯核参数 α 的取值，相关研究表明当 α 在一个相当宽的区间内 (例如 $100 \leqslant \sigma \leqslant 200$ 之间)，KFCM-S 算法可以得到稳定的分割结果。当 α 固定时，分割的准确度将随 α 的取值发生变化，这些变化难以用一个简单的规律描述，更复杂的是 MRI 图像可能受到各种伪影、不均匀场和噪声的影响。因此，通过实验确定 α 的合理取值或合理分布区间依然有很多未解决的问题和挑战性。

4.3 使用 Markov 场进行空间约束的 KFCM-II 算法

由于缺乏一种自动确定 α 的方法，针对该缺陷，我们提出使用 Markov 随机场 (Markov random field, MRF) 模型来描述图像的空间约束并将其应用到 KFCM-II 算法中。MRF 模型认为图像中某个位置的信息只受其邻域的影响，而和其他位置的信息无关，即像素特征只和该像素的邻域密切相关。这一性质可以用局部条件概率进行描述，Markov 随机场简化了图像模型的复杂度，提供了一种描述图像的便捷一致的方法。在介绍本章的新算法前，首先对 Markov 模型进行简要的介绍。

4.3.1 邻域系统和势团的定义

> **定义 4.1 (Markov 随机场)**
>
> 二维网格系统 S 中，其尺寸为 $I \times J$，对于任何点 $s_{i,j} \in S, \forall (i,j) \in [I] \times [J]$，$N_{i,j}$ 称为点 $s_{i,j}$ 的邻域，满足如下条件：
> (1) 点 $s_{i,j} \notin N_{i,j}$；
> (2) $\forall s_{p,q} \in N_{i,j}$，则 $s_{i,j} \in N_{p,q}$。
> 记 $\pi_{i,j}$ 为 $s_{i,j}$ 的标记值，如果 $\pi_{i,j}$ 取值的条件概率满足：
> $$P(\pi_{i,j}|\pi_{p,q}, s_{i,j} \neq s_{p,q}) = P(\pi_{i,j}|\pi_{p,q}, s_{p,q} \in N_{i,j}) \tag{4.11}$$
> 则称网格系统 S 具有 Markov 性，S 也被称为 Markov 随机场。Markov 随机场模型有效地描述了 S 的局部特征，说明了当前点的标记仅与邻域点的标记相互作用，而与其他位置无关。

如果将图像理解为定义在网格系统上的随机过程，则 Markov 性很好地描述了各个像素之间的空间依赖。而图像的这种空间相关性总是存在的，Markov 随机场中邻域的大小反映了目标点受邻近点影响的范围。邻域的大小可以根据具体问题和图像的特点来确定。

根据邻域中各点和目标点的距离，可以将邻域以等级的形式表示，并用 $N^k = \{N_{i,j}^k\}$ 表示目标点的 k 阶邻域。如一阶邻域系统 $N^1 = \{N_{i,j}^1\}$ 由 $s_{i,j}$ 最靠近的四个点组成，即 $N^1 = \{s_{i-1,j}, s_{i+1,j}, s_{i,j-1}, s_{i,j+1}\}$，其二阶邻域 $N^2 = \{N_{i,j}^2\}$ 由 $s_{i,j}$ 最靠近的八个相邻点组成。类似的还可以定义 N^3, N^4, N^5 等。

Markov 随机场局部特征可以使用条件概率进行描述，而使用条件概率描述的局部特征难以简洁地表达，所以还可以转由 Gibbs 分布进行描述。而 Hamersley-Clifford 定理证明了 Markov 随机场和 Gibbs 分布的等价性。为了描述目标点和邻域各点间的相互作用，Gibbs 分布引入了

势团 (clique) 的概念。

> **定义 4.2 (势团)**
> 一个网格-邻域系统 (S, N) 的势团 C 为 N 的子集，满足下面的条件：
> (1) C 可以是单点；
> (2) 如果 $s_{i,j} \in C, s_{k,\ell} \in C$，并且 $s_{i,j} \neq s_{k,\ell}$，则 $s_{i,j}$ 为 $s_{k,\ell}$ 的邻域点，即 $s_{i,j} \in N_{k,\ell}$。

图4.1给出了邻域和势团的示意图。其中图4.1(a) 为目标点 $s_{i,j}$ 各阶 (1 ~ 3 阶) 邻域的示意图，标号为 1 的位置为一阶邻域点，标号为 1 和 2 的位置为二阶邻域点，标号为 1, 2, 3 的位置为三阶邻域点。图4.1(b) 描述了一阶及二阶邻域势团的类型，图中 1 ~ 2 行所示的单点和两点势团，也是一阶邻域系统的势团。图中 3 ~ 4 行所示的三点和四点势团属于二阶邻域形成的势团。而图4.1(b) 所示的所有势团均为二阶邻域系统的势团。注意图中所示的势团类型均包含了目标点。

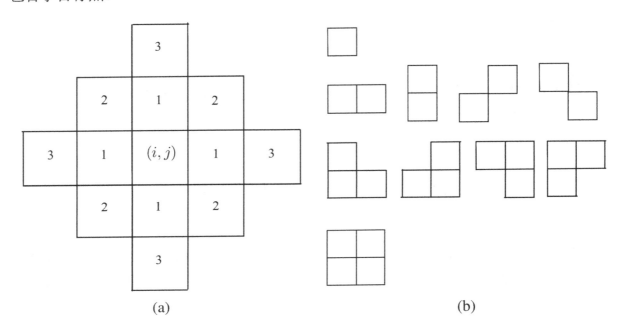

图 4.1 邻域和势团
(a) 目标点不同阶的邻域；(b) 一阶及二阶邻域的势团类型

根据 Hamersley-Clifford 定理，Markov 随机场中各点标记值的先验概率可以用 Gibbs 分布来表示：设 X 为 Markov 标记场的随机变量，则该变量取值的范围为 $\{\pi_i | i = 1, \cdots, C\}$，而标记变量的先验概率可以表示为

$$P_s(X = \pi_i) = \frac{\exp\left(-\beta^{-2} U_s(\pi_i)\right)}{\sum_{j=1}^{C} \exp\left(-\beta^{-2} U_s(\pi_j)\right)} \tag{4.12}$$

其中，C 为分类数；β 为描述邻域各点的相互影响的参数；$U_s(\pi_i)$ 为 s 被标记为 π_i 时的势能，

定义如下:

$$U_s(\pi_i) = \sum_C V_{s,C}(\pi_i; \boldsymbol{X}_{C-}) \qquad (4.13)$$

其中 $V_{s,C}(\pi_i; \boldsymbol{X}_{C-})$ 为 s 被标记为 π_i 时的势团能量，此时势团中其他点的标记组合记为 $\boldsymbol{X}_{C-}$。势团能量可根据问题的需要进行定义，例如本章的实验只考虑二阶邻域系统中的两点势团，此时在八邻域中有水平、垂直和四个对角方向上共 8 个两点势团，其分布如图4.2所示。

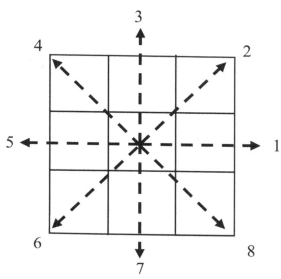

图 4.2 二邻域系统中的 8 个两点势团

4.3.2 基于两点势团的空间约束

本节提出一种利用二阶邻域两点势团的空间约束，并应用在 KFCM-II 算法中。在多级逻辑模型 (multi-level logistic, MLL) 的基础上可以利用各个点的隶属度来定义势团能量。对于硬分割，MLL 模型定义的两点势团能量如下:

$$V_{s,C}(\pi_i; \pi(t)) = 1 - \delta_{\pi_i,\pi(t)} \in \{0,1\} \qquad (4.14)$$

其中，$\delta : (\pi_i, \pi(t)) \mapsto \delta_{\pi_i,\pi(t)} \in \{0,1\}$ 为 Kronecker 函数，π_i 为当前点 s 的标记值，$\pi(t)$ 为两点势团中邻域点 t 的标记值，并且 $\pi_i, \pi(t) \in \{\pi_1, \cdots, \pi_C\}$。由于在模糊分割中每个点都以某个隶属度分属各个类，因此在式 (4.14) 中可以使用隶属度作为加权系数，使其扩展到模糊分割的情况:

$$V_{s,C}(\pi_i, \pi(t)) = \sum_{j=1}^{C} \mu_{j,t}\left(1 - \delta_{\pi_i,\pi_j}\right) = 1 - \mu_{i,t} \qquad (4.15)$$

其中，C 为分类数；s 为目标点；t 为邻域点，$\mu_{j,t}$ 为 t 被标记为 π_j 时的隶属度。公式 (4.15) 说明若 s 被标记为 π_i，则两点势团的能量由点 t 被标记为 π_i 的隶属度所决定，具体地说，式 (4.13) 可以被改写为

$$U_s(\pi_i) = \sum_{r \in \boldsymbol{N}_s} \left(1 - \mu_{i,r}\right) \tag{4.16}$$

如果只考虑二阶邻域的两点势团，则可以发现式 (4.1) 中的空间补偿项和式 (4.15) 所定义的势团能量是类似的。因此使用基于模糊集的势团能量可以有效地描述图像的空间约束。此时若使用式 (4.15) 的定义，则聚类目标公式 (4.1) 可以改写为

$$J = \sum_{i=1}^{C} \sum_{k=1}^{N} \mu_{i,k}^m \left(1 - K(\boldsymbol{x}_k, \boldsymbol{v}_i)\right) + \frac{\alpha}{N_R} \sum_{i=1}^{C} \sum_{k=1}^{N} \mu_{i,k}^m \left(\sum_{r \in \boldsymbol{N}_r} V_{k,C}^m \left(\pi_i; \pi(r)\right)\right) \tag{4.17}$$

值得注意的是式 (4.12) 定义的先验概率和式 (3.7) 定义的高斯核十分相似，两者都使用指数函数描述。将式 (4.16) 代入式 (4.12)，可得：

$$P_s(\pi) = \frac{\exp\left(-\sum\limits_{r \in \boldsymbol{N}_s} \frac{1-\mu_{i,r}}{\beta^2}\right)}{\sum\limits_{j=1}^{C} \exp\left(-\sum\limits_{r \in \boldsymbol{N}_s} \frac{1-\mu_{j,r}}{\beta^2}\right)} \tag{4.18}$$

注意到式 (4.18) 和高斯核实际上都是当前点和各聚类的某种相似性指标，并且具有类似的形式。基于这种相似性指标的有效性，可以提出用 $P_s(\pi_s)$ 描述空间约束的 **KFCM-II** 算法，其目标公式为

$$\begin{aligned} J &= \sum_{i=1}^{C} \sum_{k=1}^{N} \mu_{i,k}^m \left(1 - K(\boldsymbol{x}_k, \boldsymbol{v}_i)\right) + \sum_{i=1}^{C} \sum_{k=1}^{N} \mu_{i,k}^m \left(1 - P_k(\pi_i)\right) \\ &= \sum_{i=1}^{C} \sum_{k=1}^{N} \mu_{i,k}^m \left(2 - K(\boldsymbol{x}_k, \boldsymbol{v}_i) - P_k(\pi_i)\right) \end{aligned} \tag{4.19}$$

其中 $P_k(\pi_i)$ 表示输入数据 $\boldsymbol{x}_k$ 被标记为 π_i 的 Gibbs 概率。式 (4.19) 中，核函数 $K(\boldsymbol{x}_k, \boldsymbol{v}_i)$ 代表了整个图像域上输入数据 x_k 与各个聚类 (使用 $\boldsymbol{v}_1, \cdots, \boldsymbol{v}_C$ 表示) 的相似性指标，而 Gibbs 概率 $P_k(\pi_i)$ 则代表了在图像局部上当前点被标记为不同聚类 (使用 $\pi_1, \cdots, \pi_C$ 表示) 的可能性。通常灰度的取值范围要远大于标记值的取值范围，因此核函数可以看作图像在高解析度上的量度，而其标记的 Gibbs 分布则是一种低解析度上的量度，并且这种低解析度的量度作用在一个很小的邻域上的，因此可以有效地度量目标点属于各类的概率，而且避免了这种量度淹没在琐碎的细节中。

采用拉格朗日法对式 (4.19) 进行最小化，对目标公式求偏导数并令其为零，可以得到隶

属度和聚类中心的迭代公式如下：

$$\mu_{i,k} = \frac{\left(2 - K(\boldsymbol{x}_k, \boldsymbol{v}_i) - P_k(\pi_i)\right)^{1/(1-m)}}{\sum_{j=1}^{C}\left(2 - K(\boldsymbol{x}_k, \boldsymbol{v}_j) - P_k(\pi_j)\right)^{1/(1-m)}} \qquad (4.20)$$

$$\boldsymbol{v}_i = \frac{\sum_{k=1}^{N}\mu_{i,k}^m K(\boldsymbol{x}_k, \boldsymbol{v}_i)\boldsymbol{x}_k}{\sum_{k=1}^{N}\mu_{i,k}^m K(\boldsymbol{x}_k, \boldsymbol{v}_i)} \qquad (4.21)$$

该聚类在进行初值化后，在式 (4.20) 和式 (4.21) 两式交替迭代，直到收敛条件满足为止。Gibbs 分布也是使用指数函数来定义的，类似于高斯核的参数 σ，Gibbs 分布中也有一个用来控制函数峰值的参数 β。由于 Gibbs 分布与高斯核具有类似的形式，因而 α 和 β 可能存在某种联系。实验表明，对于良好的图像分割，通常存在 $\alpha \gg \beta$，并可以采用3.5.4节的策略来确定 β。

4.3.3 聚类参数的确定

为确定式 (4.18) 中的参数 β，可以使输入数据分布在指数函数的拐点附近，但是为了加强图像的空间约束，可采用各点取不同标记时势团能量平均值的最小值来确定参数 β，具体地说，即满足下式：

$$\frac{C \cdot \beta^2}{2} = \min_{s \in \mathcal{I}}\left(\sum_{i=1}^{C} U_s(\pi_i)\right) = \min_{s \in \mathcal{I}}\left(\sum_{i=1}^{C}\sum_{r \in \boldsymbol{N}_s}(1 - \mu_{i,r})\right) \qquad (4.22)$$

其中，C 为分类数；s 为目标像素；π_i 为 s 处的标记；$\mathcal{I}$ 为整个图像。

由于 KFCM-II 算法的聚类中心实际上是 KFCM-I 算法聚类中心的近似原像，KFCM-II 算法的聚类中心可以显式地得到，所以 KFCM-II 算法不需要再计算整个数据集的 Gram 矩阵，而只需要计算数据 $\boldsymbol{x}_k$ 和聚类中心 $\boldsymbol{v}_i$ 的核函数即可，因此，在估计其高斯核的参数 σ 时，可以采用不同于式 (3.41) 的方法，而使用输入数据 $\|\boldsymbol{x}_k - \boldsymbol{v}_i\|^2$ 来替换式 (3.41) 中的 $\|\boldsymbol{x}_j - \boldsymbol{x}_k\|^2$，即

$$\sigma^2 = \frac{2}{CN}\sum_{i=1}^{C}\sum_{k=1}^{N}\|\boldsymbol{x}_k - \boldsymbol{v}_i\|^2 \qquad (4.23)$$

在迭代过程中，聚类中心 $\boldsymbol{v}_1, \cdots, \boldsymbol{v}_1$ 可能不断发生变化，因此由式 (4.23) 可得到一个估值序列 $\sigma_1^2, \cdots, \sigma_N^2$，其中 N 为迭代次数。同样在迭代的过程中数据的隶属度也要发生变化，因此由式 (4.22) 也将得到一个估计序列 $\beta_1^2, \cdots, \beta_N^2$。由于输入数据 $\|\boldsymbol{x}_k - \boldsymbol{v}_i\|^2$ 通常要比 $U_s(\pi_i)$ 高

$1 \sim 2$ 个数量级，所以 σ^2 的估值通常要大于 β^2 的估值，这和实验结果是相符的。σ^2 的估值序列和 β^2 估值序列实际上反映了该算法根据聚类的中间结果不断调整测量尺度的特点。

本书称基于式 (4.22) 和式 (4.23) 两式的聚类算法为 **GS-KFCM-II** (Gibbs distribution based spatial KFCM-II)，由于参数 α 和 β 实际上是迭代次数 n 的函数，可以表示为 α_n 和 β_n，因此高斯核函数和 Gibbs 分布也随迭代次数发生变化，相应的迭代公式可以由式 (4.20) 和式 (4.21) 改写如下：

$$\mu_{i,k} = \frac{\left(2 - K(\boldsymbol{x}_k - \boldsymbol{v}_i; \sigma_n) - P_k(\pi_i, \beta_n)\right)^{1/(1-m)}}{\sum_{j=1}^{C} 2 - K(\boldsymbol{x}_k - \boldsymbol{v}_j; \sigma_n) - P_k(\pi_j, \beta_n)\right)^{1/(1-m)}} \tag{4.24}$$

$$\boldsymbol{v}_i = \frac{\sum_{k=1}^{N} \mu_{i,k}^m K(\boldsymbol{x}_k, \boldsymbol{v}_i; \sigma_n) \boldsymbol{x}_k}{\sum_{k=1}^{N} \mu_{i,k}^m K(\boldsymbol{x}_k, \boldsymbol{v}_i; \sigma_n)} \tag{4.25}$$

4.3.4 实验结果及分析

本节使用 FCM、SKFCM、KFCM-S 算法以及 GS-KFCM-II 算法对合成图像、MRI Phantom 和临床 MRI 图像进行实验，聚类目标函数 J 的参数 $m = 2$，并取图像的 3×3 邻域 (即 Markov 场的二阶邻域系统) 来建立图像的空间约束，核函数为高斯核。

4.3.4.1 对灰度合成图像的实验

本节给出 FCM、SKFCM、KFCM-S 和 GS-KFCM-II 算法在 8 比特灰度 (灰度的取值范围为 $0 \sim 255$) 合成图像上的分割结果。图4.3(a) 为被高斯噪声污染的四色原始图像，其中噪声的均值为 0，方差为图像最大灰度值的 1%，图像的大小为 64×64 像素。

四个灰度被污染前分别为 32，96，160 和 244。图4.3(b)~(e) 分别为使用 FCM、SKFCM、KFCM-S 和 GS-KFCM-II 算法的分割结果。在使用 SKFCM 和 KFCM-S 算法的实验中，高斯核参数的取值采用了已有实验中的建议[38]，参数 σ 分别为 100、150 和 200，空间约束项系数 α 的搜索范围为 $0.1 \leqslant \alpha \leqslant 8$，步长取 0.1。

图4.3(b) 为 FCM 算法分割的结果，存在着较多的误分点。图4.3(c) 为 SKFCM 算法的最优分割结果，此时 $\sigma = 200$，$\alpha = 0.2$，图4.3(d) 为 KFCM-S 算法的最优分割结果，此时 $\sigma = 100, \alpha = 5.3$。图 4.3(e) 为本节算法 (GS-KFCM-II) 的结果。由于 KFCM-S1/KFCM-S2 算法实际上是 KFCM-S 算法的简化版本，并且性能和 KFCM-S 算法相似，所以本节不再给出其

实验结果。

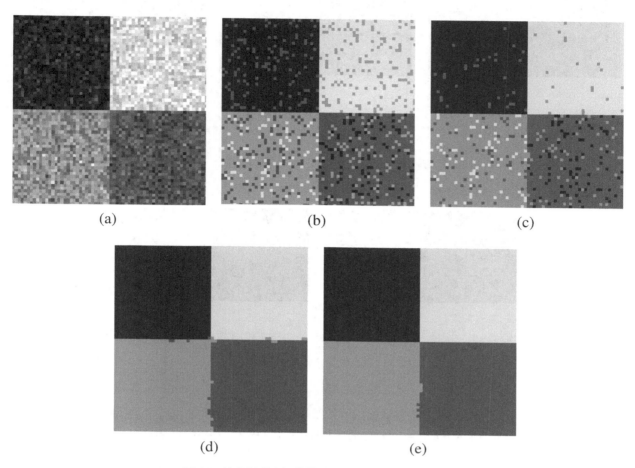

图 4.3 被高斯噪声污染的 8 比特图像以及分割结果
(a) 原始图像；(b) FCM 算法的结果；(c) SFCM 算法的结果, $\sigma=200$,
$\alpha=0.2$；(d) KFCM-S 算法的结果, $\sigma=100, \alpha=5.3$；(e) 本节算法的结果

下面的实验结果中，原始图像如图4.4 (a) 所示，也为 8 比特灰度的四色图像，被噪声污染前的灰度值、图像的大小以及高斯噪声均与上面的实验相同。此外图4.4 (a) 在水平方向上还受一个低频余弦变化的有偏场的影响，余弦的振幅为 1.1,周期为图像宽度的 1/2，余弦场在图像左端点的初始相位为 0。采用与上面实验相同的参数范围进行实验，可以得到各算法的分割结果。其中图4.4 (b) 为 FCM 算法的分割结果，图4.4 (c) 为 SKFCM 算法的最佳结果，此时 $\sigma=200, \alpha=0.2$，图4.4 (d) 为 KFCM-S 算法的最佳结果，此时 $\sigma=100, \alpha=5.3$。图4.4 (e) 为本节算法 (GS-KFCM-II) 的分割结果。

从图 4.3 和图 4.4 可以看出，由于基于灰度的 FCM 算法没有考虑像素的空间联系，因此往往难以得到精确的分割结果。在合理的参数范围内，使用高斯核与空间约束的 SKFCM 和 KFCM-S 算法 (包括简化版本 KFCM-S1、KFCM-S2 算法) 可以得到比 FCM 更好的分割结果。但是 SKFCM、KFCM-S 算法都没有提出参数 σ 与 α 的确定方法，而需要根据实验的结果来确定，对于自动分割来说这是一个问题。而本节提出的 GS-KFCM-II 算法给出了在迭代过程中确定聚类参数的方法，并且由图4.3和图4.4可以看出，本节算法通常可以得到更准确的分段

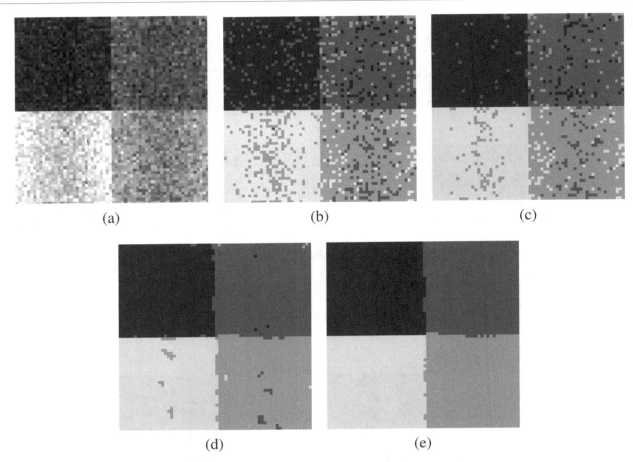

图 4.4 被高斯噪声和水平余弦有偏场污染的 8 比特灰度图像及分割结果
(a) 原始图像；(b) FCM 算法的结果；(c) SKFCM 算法的结果,$\sigma = 200$,
$\alpha = 0.1$；(d) KFCM-S 算法的结果, $\sigma = 100, \alpha = 4.9$；(e) 本节算法的
结果

光滑的分割结果。

在下面的实验中，给出了相关算法采用不同参数取值时分割结果的定量指标。图4.5为前面实验中的分割准确度曲线，其中图 4.5(a) 为 SKFCM 算法取不同参数 $\sigma = 50, 100, 150, 200$，$0.1 \leqslant \alpha \leqslant 2.4$ 时，在图4.3(a) 所示的实验中得到的准确度曲线。实验表明，对于不同的 σ 取值，SKFCM 算法的分割准确度一般在 $\alpha < 2$ 的范围内取得最大值，随着 α 取值的继续增大，分割准确度急速下降。如果 σ 取值较小时 (如 $\sigma = 50$)，分割准确度相对稳定，但已经不能得到最优的分割结果了，而最优结果出现在 σ 取其他值 $(100, 150, 200)$ 时。实验表明，分割准确度随着 α 增大而开始下降时，各聚类中心也趋于一致，即各分割区域的对比度下降，这也是导致分割准确度下降的一个主要原因。可见 SKFCM 算法对 α 的取值是敏感的，需要谨慎地确定合理的参数取值。

而对于不同的 α 取值，KFCM-S 算法的性能要稳定得多。图4.5(b) 和 (c) 给出了 KFCM-S 算法对图4.3(a) 和图4.4(a) 的图像进行分割的性能指标——σ 分别取 100、150 和 200 时，随 α 变化的分割准确度曲线。可以看出在 $1 \leqslant \alpha \leqslant 2$ 的附近，可以得到较优的分割准确度。

本节的算法不采用类似 SKFCM、KFCM-S 算法的空间约束，给出了自动确定高斯核参数

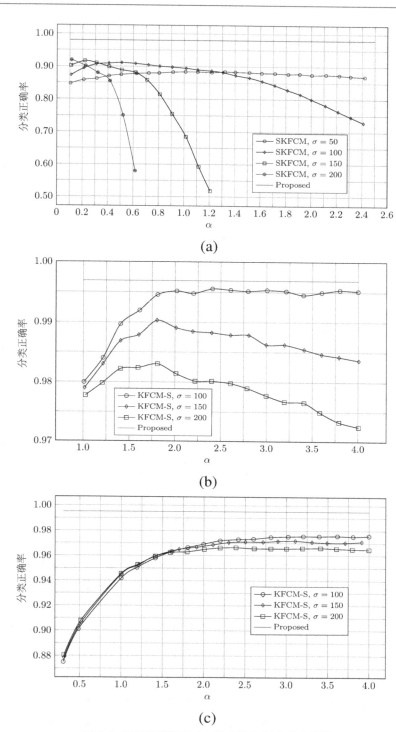

图 4.5 SKFCM/KFCM-S 算法的分割准确度曲线

(a) SKFCM 算法在图4.3所示实验中的分割准确度曲线；(b) KFCM-S 算法在图4.3所示实验中的分割准确度曲线；(c) KFCM-S 算法在图4.3所示实验中的分割准确度曲线

σ 和 Gibbs 分布参数 β 的方法，因此无须给出类似的分割准确度曲线。图4.5(a)~(c) 顶部所示的水平线为本节算法 (GS-KFCM-II) 的分割准确度 (不是 α 的函数)，并且该准确度高于图中曲线各点的取值，显然就上面的实验而言，本节算法要优于 SKFCM、KFCM-S 算法。

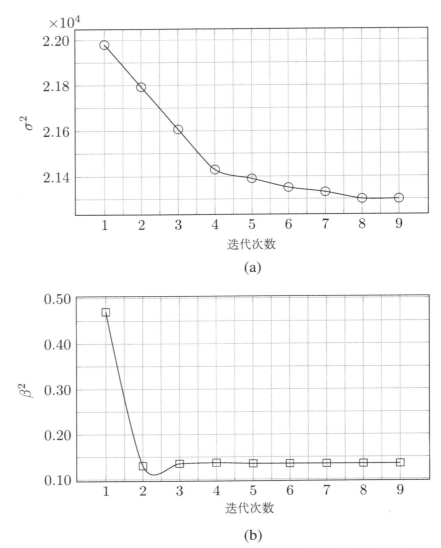

图 4.6 本节算法对图4.4中的图像进行实验时参数 σ^2 和 β^2 变化的曲线
(a) 参数 σ^2 随迭代次数变化的曲线；(b) 参数 β^2 随迭代次数变化的曲线

GS-KFCM-II 算法在迭代过程中随着聚类的中间结果而调整的参数 σ 和 β，图4.6为对图4.4(a) 进行实验时，该算法的参数 σ 和 β 随迭代而发生变化的曲线。由大量实验结果可知，聚类将在 $10 \sim 20$ 次迭代内收敛，此时参数 σ 和 β 也随之收敛。由图4.6(a) 可知，当聚类收敛时，$\sigma^2 \approx 2.14 \times 10^4$，而其他学者的实验指出，在 $100 < \sigma < 200$ 的范围内，KFCM-S 可以得到比较满意的分割结果。由于 KFCM-S 算法和本节算法都基于 KFCM-II 算法，因此在 σ 的确定上，使用式 (4.23) 得到的结果和其他作者[38] 的建议是相符的。

4.3.4.2 对 16 比特灰度合成图像的实验

在下面的实验中，使用 SKFCM、KFCM-S 和 GS-KFCM-II 算法对 16 比特灰度 (灰度值的取值范围在 $0 \sim 65\,535$) 合成图像进行了分割，图像的大小为 64×64 像素。

图 4.7(a) 所示的原始图像为被高斯噪声污染的两色灰度合成图像。高斯噪声的均值为 0，方差为最大灰度幅值的 1%。图像的灰度被噪声污染前分别为 40 960 和 57 344。图 4.7(b)~(f) 分别为使用 SKFCM、KFCM-S 和 GS-KFCM-II 算法将目标图像分割为两类的结果。在 SKFCM 和 KFCM-S 算法的实验中，高斯核参数 σ 在不同的区间取值，实验结果表明，对于 16 比特灰度图像，当 $10\,000 < \sigma < 40\,000$ 时可以得到比较好的结果。而 σ 在 150 附近则得不到令人满意的分割结果 (对于 8 比特灰度图像而言，σ 在 150 附近可以得到比较好的结果)，可见 σ 的取值和输入数据的大小、分布都有密切的关系。

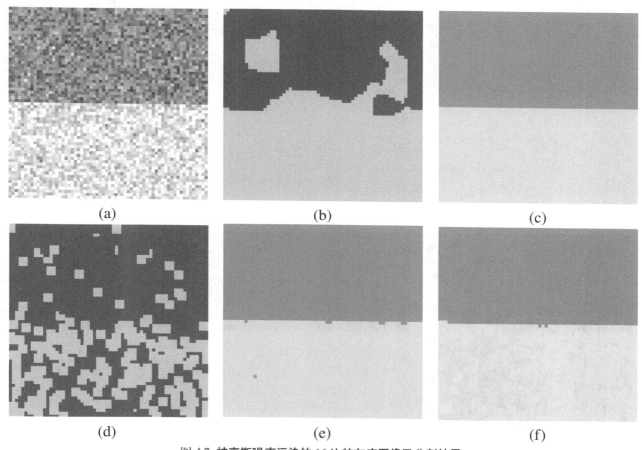

图 4.7 被高斯噪声污染的 16 比特灰度图像及分割结果
(a) 原始图像 (b) $100 \leqslant \sigma \leqslant 200$ 时，SKFCM 算法的典型结果；
(c) $\sigma = 20\,000, \alpha = 6.8$ 时，SKFCM 算法的结果；(d) $100 \leqslant \sigma \leqslant 200$，
KFCM-S 算法的典型结果；(e) $\sigma = 20\,000, \alpha = 3.0$ 时，KFCM-S 算法
的结果；(f) 本节算法的结果

图 4.7(b) 和图 4.7(d) 分别为 SKFCM 和 KFCM-S 算法在 $100 \leqslant \sigma \leqslant 200$ 时的典型的结果，此时不能得到准确的分割。图 4.7(c) 所示为在 $10\,000 \leqslant \sigma \leqslant 40\,000$ 且 $0.1 \leqslant \alpha \leqslant 8$ 的范围内取值

时，SKFCM 算法的最优结果 (此时 $\sigma = 20\,000, \alpha = 6.8$)。图4.7(e) 为参数在 $10\,000 \leqslant \alpha \leqslant 40\,000$ 且 $0.1 \leqslant \alpha \leqslant 8$ 的取值范围内，KFCM-S 算法的最优结果 (此时 $\sigma = 20\,000, \alpha = 3.0$)，图4.7(f) 为使用 GS-KFCM-II 算法的分割结果。

在下面的实验中，原始图像为图4.8(a) 所示的被高斯噪声污染的四色 16 比特灰度合成图像。污染前的灰度分别为 $24\,576, 40\,960, 57\,344$ 和 $73\,728$。图4.8(b)~(f) 分别为 SKFCM、KFCM-S 和本节算法的分割结果。与图 4.8 的结果类似，图 4.8(b) 和图4.8(d) 分别为 $100 \leqslant \sigma \leqslant 200$ 时，SKFCM、KFCM-S 算法的典型结果，此时结果不能令人满意。当参数在 $10\,000 \leqslant \sigma \leqslant 40\,000$，且 $0.1 \leqslant \alpha \leqslant 8$ 的范围内进行取值时，图4.8(c) 为 SKFCM 算法的最好结果 (此时 $\sigma = 40\,000, \alpha = 0.1$)，图4.8(e) 为 KFCM-S 算法的最好结果 (此时 $\sigma = 30\,000, \alpha = 0.3$)，而图4.8(f) 为 GS-KFCM-II 算法的实验结果。GS-KFCM-II 算法自适应地估计出 σ 的取值，并且所得到的分割结果优于 SKFCM、KFCM-S 算法的大多数结果。

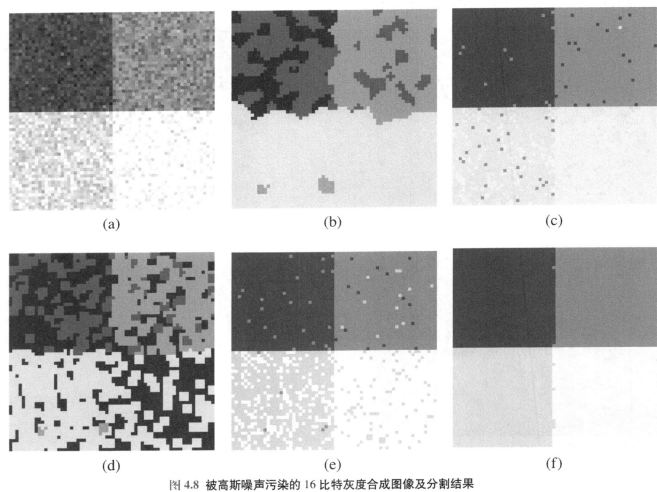

图 4.8 被高斯噪声污染的 16 比特灰度合成图像及分割结果

(a) 原始图像；(b) $100 \leqslant \sigma \leqslant 200$ 时，SKFCM 算法的典型结果；
(c) $\sigma = 40\,000, \alpha = 0.1$ 时，SKFCM 算法的结果；(d) $100 \leqslant \sigma \leqslant 200$ 时，
KFCM-S 算法的典型结果；(e) $\sigma = 30\,000, \alpha = 0.3$ 时，KFCM-S 算法的
结果；(f) 本节算法的结果

图4.9给出了上面分割实验中参数取不同数值时分割结果的定量指标——当参数 $10\,000 \leqslant$

$\sigma \leqslant 40\,000$,且 $0.1 \leqslant \alpha \leqslant 8.0$ 时，SKFCM、KFCM-S 算法的分割准确度曲线。作为对比，图中还给出了本节算法的分割准确度，由于给出了确定参数 σ 和 β 的方法，因此本节算法的准确度，在图中顶部用水平虚线表示。

其中图 4.9(a) 为 SKFCM 算法分割图 4.7(a) 中所示的图像所得到的准确度曲线，图 4.9(b) 为相应的 KFCM-S 算法的准确度曲线。由图可见，当 α 足够大时，分割精度趋于稳定。而在对图 4.8(a) 所示的图像进行实验时，对于不同的 σ 值，当 α 增大到某值时，SKFCM 算法的性能急剧恶化。实验表明，此时 SKFCM 算法的分割结果不能得到正确的聚类数，当 σ 增大时，灰度相近的两聚类将合并在一起 (此时图像被分割为三类)，从而失去正确聚类的意义。

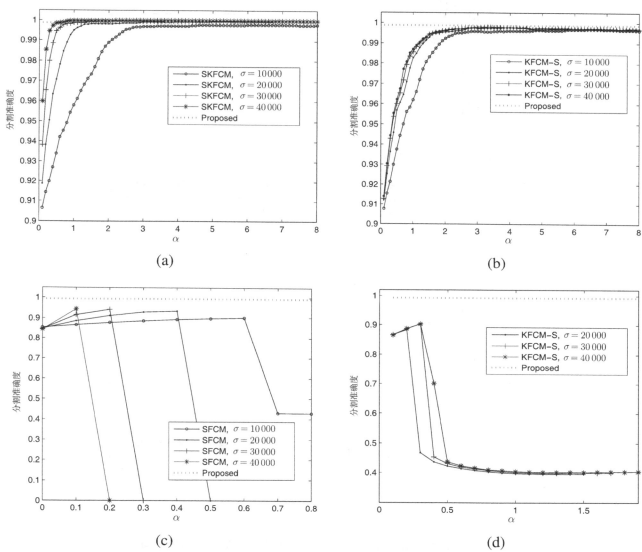

图 4.9 SKFCM、KFCM-S 算法分割 16 比特灰度图像的准确度曲线
(a) SKFCM 算法对两色图像进行分割的准确度曲线；(b) KFCM-S 算法对两色图像进行分割的准确度曲线；(c) SKFCM 算法对四色图像进行分割的准确度曲线；(d) KFCM-S 算法对四色图像进行分割的准确度曲线

需要指出图 4.9(c) 中准确率曲线降到 0，表示该算法不能得到正确的聚类数目，而不代表

通常意义下等于零的分割准确度。在进行四色16比特灰度图像的分割时，随着参数 α 的增大，KFCM-S 算法要比 SKFCM 稳定一些，通常不会出现两个聚类合并的情况，但依然会出现分割准确度迅速下降的情况，如图4.9(d) 所示。

由图4.9可以看出，本节算法通常优于或近似于 SKFCM/KFCM-S 算法的最优结果。同时图4.9(a)~(b) 与图 4.10(c)~(d) 中曲线上的差异也反映了一个问题——在使用 SKFCM/KFCM-S 算法时，即使参数 σ 在合理的范围内，合理地选择较优的参数 α 依然是一个问题。

图4.10给出了本节算法在分割图4.7(a) 和图4.8(a) 的图像时，参数 σ 随着聚类迭代而变化的曲线。

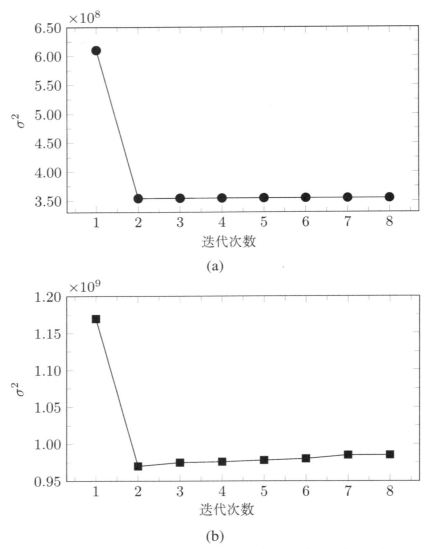

图 4.10 对 16 比特灰度图像分割实验时，本节算法的参数 σ 的变换曲线
(a) 对图4.7(a) 的图像进行分割时，σ 的曲线，收敛结果 $\sigma^2 = 3.5465 \times 10^8$；(b) 对图4.8(a) 的图像进行分割时，$\sigma$ 的曲线，收敛结果 $\sigma^2 = 9.84939 \times 10^8$

本节实验使用 KFCM-II 算法的聚类结果作为初始分割，在对图4.7(a) 的图像进行分割后，所得的收敛参数为 $\sigma^2 = 3.5465 \times 10^8$ (即 $\sigma = 18800$)。在对图4.7(b) 的图像进行分割后，所得

的收敛参数为 $\sigma^2 = 9.849\,393 \times 10^8$ (即 $\sigma = 31\,280$)。而图4.9所示的结果也表明在分割图4.7(a)所示的图像时，当 $10\,000 \leqslant \sigma \leqslant 20\,000$ 时，SKFCM、KFCM-S 算法可以得到更优的分割结果，而在分割图4.8(a) 的图像时，当 $30\,000 \leqslant \sigma \leqslant 40\,000$ 时，SKFCM、KFCM-S 算法的分割结果也更理想，这个结果和图4.10所示的参数收敛曲线是相符合的。

4.3.4.3 对脑部 MRI Phantom 的实验

本节的实验对 MRI Brain Phantom (正常脑组织) 轴向 T1 加权图像进行了分割，该图像灰度为 8 比特，平面解析度为 $1\,\text{mm}^2$，大小为 217×181 像素，并受 9% 的加性噪声和 40% 的灰度不均匀场的影响，分割的目标是将颅内感兴趣的区域分为白质、灰质和脊髓液三个部分。在分割前，已经使用主动轮廓模型算法[100] 除去了图像颅外的部分，分割后各个区域的灰度为其聚类中心的灰度。

本节对 MRI Phantom 的实验也证实了当高斯参数 σ 在一个相对宽的区间内 (σ 在 150 附近)，聚类可以得到较好的结果，此时基于高斯核的聚类算法 (本节算法，SKFCM 和 KFCM-S 算法) 优于传统 FCM 算法。

图4.11(a) 的实验图像为 MRI Phantom 数据的轴向第 89 帧的切片，图 (b) 为 FCM 算法分割的结果。图 (c) 为 SKFCM 算法在参数 $50 \leqslant \sigma \leqslant 200$ 和 $0 \leqslant \alpha \leqslant 8$ 范围内的最优分割结果。图 (d) 为 KFCM-S 算法在相同的 σ 和 α 参数区间得到的最优分割结果。图 (e) 为本节算法的分割结果。

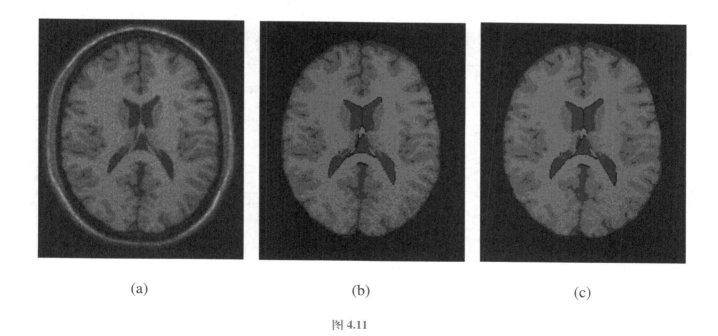

图 4.11

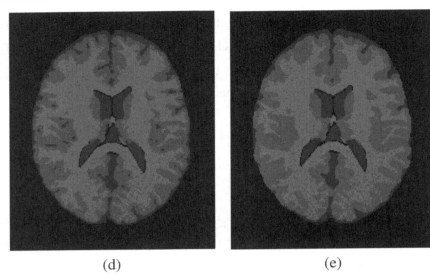

(d)　　　　　　　　　　　(e)

图 4.11　对 MRI Brain Phantom 轴向切片进行分割的结果
(a) 原始图像；(b) FCM 算法的结果；(c) SKFCM 算法的结果；
(d) KFCM-S 算法的结果；(e) 本节算法的结果

实验表明，当参数 σ 过大或者过小 (例如 $\sigma \geqslant 20\,000$ 或者 $\sigma \leqslant 1$)，无论 α 如何取值，SKFCM 算法和 KFCM-S 算法都不能得到满意的结果，甚至可能出现相邻聚类合并为一类的情况。

当使用 SKFCM、KFCM-S 算法在不同退化条件下对各切片进行分割时，难以事先确定最优的参数 σ 和 α。例如在分割 MRI Phantom 图像的第 89 帧切片时，在不同的退化条件下，KFCM-S 算法的准确度曲线如图4.12所示，其中标记 pn$X$rf$Y$ 表示退化条件为 $X\%$ 的加性噪声和 $Y\%$ 的有偏场，图中给出了核参数取不同值时该算法的分割准确度曲线 ($\sigma \in \{50, 100, 150, 200\}$)。图中的水平虚线为使用本节算法得到的分割准确度。如上所述，由于 GS-KFCM-II 算法给出了自动估计参数的方法，因而使用水平线来表示该算法分割准确度。

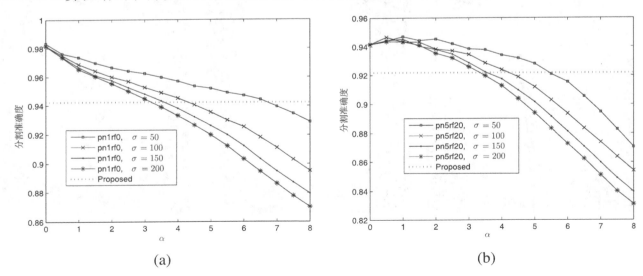

图 4.12

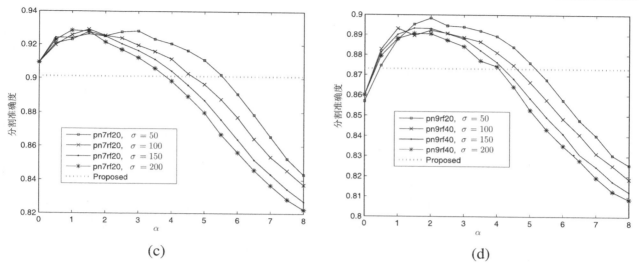

图 4.12 对 MRI Phantom 轴向第 89 帧进行分割的准确度曲线

(a) 对退化条件为 pn1rf0 的切片进行分割的准确度曲线；(b) 对退化条件为 pn5rf20 的切片进行分割的准确度曲线；(c) 对退化条件为 pn7rf20 的切片进行分割的准确度曲线；(d) 对退化条件为 pn9rf40 的切片进行分割的准确度曲线

由于 SKFCM 算法与 KFCM-S 算法相似，因此可以得到类似于 KFCM-S 算法的分割准度曲线，本节的重点不在于比较 SKFCM 算法和 KFCM-S 算法的性能，因此 SKFCM 算法的分割准度曲线不再示出。

图4.13给出了 GS-KFCM-II 算法和 KFCM-S 算法在轴向第 30 帧 MRI Phantom 图像上的分割结果，给出了相同参数范围内的分割精确度。图中水平虚线为 GS-KFCM-II 算法的分割准确度。图4.12和图4.13给出了 KFCM-S 算法分割 MRI Phantom 数据的两个典型分割结果。实验表明对于不同的 MRI 切片和不同的退化条件，使用 GS-KFCM-II 算法得到的分割结果通常可以和 SKFCM、KFCM-S 算法的最优结果相比拟 (如图4.12所示)，甚至高于其最优结果 (如图4.13所示)。

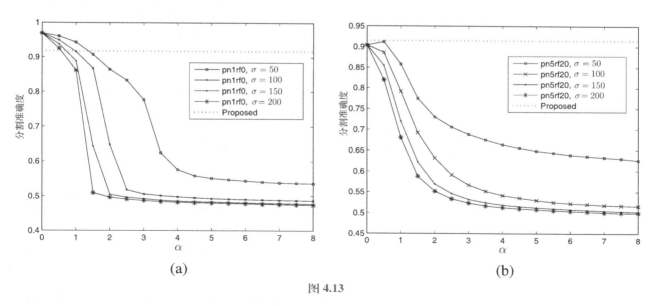

图 4.13

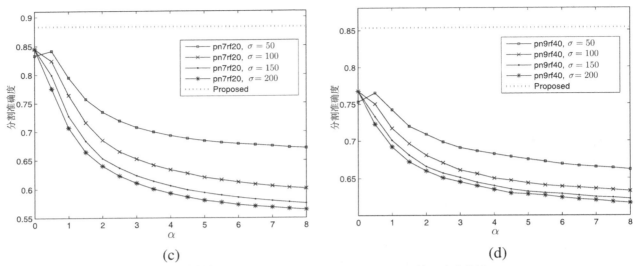

图 4.13 对 MRI Phantom 轴向第 30 帧切片进行分割的准确度曲线

(a) 对退化条件为 pn1rf0 的数据进行分割的准确度曲线；(b) 对退化条件为 pn5rf20 的数据进行分割的准确度曲线；(c) 对退化条件为 pn7rf20 的数据进行分割的准确度曲线；(d) 对退化条件为 pn9rf40 的数据进行分割的准确度曲线

对于 SKFCM、KFCM-S 算法而言，其最优参数往往随切片位置(坐标和切片取向)和退化条件而发生变化，难以事先准确地确定，而 GS-KFCM-II 算法对于不同的切面和退化条件可以自动地估计聚类的参数，并得到比较满意的分割结果。

针对本节所提出的高斯核参数的确定方法，在不同的退化条件下对大量 MRI 切片进行了实验，收敛后的高斯核参数的取值和前人的实验结果[38]是吻合的。表 4.1 给出了对轴向第 89 帧和第 30 帧 MRI Phantom 切片进行实验时，使用式 (4.23) 得到的收敛后的 σ，对于不同的退化条件，该参数的估计值分布在 $50 \sim 70$ 左右，这和图 4.12、图 4.13 所示的对应于较优曲线的高斯参数是相符的。

表 4.1 在图 4.11 和图 4.12 所示的分割实验中高斯核参数 σ 的收敛值

退化条件	σ 估计值		退化条件	σ 估计值	
	轴向 30 帧	轴向 89 帧		轴向 30 帧	轴向 89 帧
pn0rf0	70.7718	74.9208	pn5rf0	63.2488	66.9244
pn0rf20	61.4819	72.0229	pn5rf20	56.5798	65.7842
pn0rf40	53.1464	69.0557	pn5rf40	49.2850	64.4647
pn1rf0	69.9255	73.9547	pn7rf0	61.6440	65.8702
pn1rf20	61.2692	71.8388	pn7rf20	56.3545	66.6878
pn1rf40	52.9364	68.7694	pn7rf40	48.1271	63.1660
pn3rf0	65.7998	69.5568	pn9rf0	58.9252	63.5865
pn3rf20	58.3108	68.3201	pn9rf20	54.6581	64.4864
pn3rf40	51.7121	67.0620	pn9rf40	47.2656	61.4771

另外需要指出，当图像所受到退化影响较强时，GS-KFCM-II 算法以及使用合理参数的 SKFCM、KFCM-S 算法均优于 FCM 算法，但是对于有较高分辨率的图像并使用适合的聚类初始条件，FCM 算法也可以得到更好的分割效果。这是因为基于 KFCM-II 算法的聚类实际

上是 KFCM-I 算法的近似原像版本，在模型上还有一定的缺陷，另外由于空间约束和高斯核的引入，其目标公式的凹凸性与 FCM 算法的目标公式的凹凸性有很大不同，因此对于高分辨率的 MRI 图像来说需要更加谨慎地选择合适的初始分割条件。如前所述，KFCM-II 算法实际上是 KFCM-I 算法使用近似原像的降维版本，因为难以达到 KFCM-I 算法的聚类极限。为了弥补模型上的不足而在 KFCM-II 算法中引入的空间约束通常只对噪声和有偏场影响起良好的作用，而对于比较清晰的图像来说，这种空间约束所起的作用类似于对高清晰图像进行滤波，则反而可能模糊图像的细节，从而造成分割准确度的损失。

本节最后给出了使用 GS-KFCM-II 算法和 FCM 算法在不同的退化条件下分割 MRI Phantom 轴向第 89 帧和 30 帧切片所得的准确度 (accuracy) 和相似度 (degree of equality) 指标。表 4.2 和表 4.3 中的分割相似度 S_i 定义如下：

$$S_i = \frac{\mathcal{C}_i \cap \mathcal{C}_{\text{std},i}}{\mathcal{C}_i \cup \mathcal{C}_{\text{std},i}}, \ \forall i \in \{1,\cdots,C\} \tag{4.26}$$

其中，$\mathcal{C}_i$ 为分割结果的第 i 个分类区域；$\mathcal{C}_{\text{std},i}$ 为标准分割的第 i 个分类区域。准确度描述了分割结果在整体上的优劣，而相似度则反映了对于特定分类的分割指标。和准确度类似，同样 $S_i \leqslant 1$，并且取值越大越好。

表 4.2 使用不同算法在上述实验中得到的正确率指标

退化条件	轴向 30 帧		轴向 89 帧	
	FCM	本节算法	FCM	本节算法
pn5rf0	0.908 208	0.907 993	0.947 360	0.925 852
pn5rf20	0.903 678	0.907 993	0.941 597	0.921 838
pn5rf40	0.871 319	0.896 559	0.926 881	0.906 092
pn7rf0	0.845 648	0.898 501	0.914 686	0.905 475
pn7rf20	0.844 893	0.883 184	0.909 283	0.901 204
pn7rf40	0.808 651	0.874 447	0.893 486	0.890 707
pn9rf0	0.795 491	0.876 820	0.865 391	0.877 380
pn9rf20	0.781 793	0.855 032	0.868 529	0.880 056
pn9rf40	0.767 555	0.853 630	0.859 988	0.873 109

表 4.3 使用不同算法在上述实验中得到的正确率指标

退化条件	轴向 30 帧						退化条件	轴向 89 帧					
	FCM			本节算法				FCM			本节算法		
	脊髓液	灰质	白质	脊髓液	灰质	白质		脊髓液	灰质	白质	脊髓液	灰质	白质
pn5rf0	0.940	0.842	0.684	0.832	0.848	0.783	pn5rf0	0.940	0.842	0.684	0.670	0.837	0.947
pn5rf20	0.930	0.834	0.679	0.838	0.858	0.803	pn5rf20	0.930	0.834	0.679	0.677	0.830	0.936
pn5rf40	0.922	0.780	0.601	0.831	0.829	0.744	pn5rf40	0.922	0.780	0.601	0.683	0.800	0.904
pn7rf0	0.894	0.739	0.562	0.839	0.832	0.741	pn7rf0	0.894	0.739	0.562	0.678	0.801	0.901
pn7rf20	0.892	0.737	0.563	0.836	0.805	0.701	pn7rf20	0.892	0.737	0.563	0.690	0.793	0.889
pn7rf40	0.880	0.679	0.502	0.831	0.790	0.682	pn7rf04	0.880	0.679	0.502	0.680	0.775	0.873
pn9rf0	0.858	0.660	0.487	0.817	0.796	0.699	pn9rf0	0.858	0.660	0.487	0.674	0.756	0.844
pn9rf20	0.847	0.640	0.469	0.813	0.761	0.642	pn9rf20	0.847	0.640	0.469	0.686	0.757	0.849
pn9rf40	0.830	0.620	0.453	0.811	0.758	0.641	pn9rf40	0.830	0.620	0.453	0.693	0.743	0.836

4.3.4.4 对脑部临床 MRI 图像的实验

在对真实脑部临床 MRI 图像的分割中，采用了 MGH CMA Internet Brain Segmentation Repository 的图像作为实验数据。该数据提供了一个由专家半手工分割的标准的结果作为 Ground Truth 数据，可以方便地和实验结果进行定量的比较。实验的图像为五岁男童的脑部 MRI 图像，16 比特灰度，并由 1.5 Tesla General Electric Sigma 获得，图像的平面解析度为 $0.937\,5\,\text{mm}^2$。

图 4.14 和图 4.15 分别为两帧冠面切片及其由 FCM、KFCM-S 和 GS-KFCM-II 算法得到的分割结果，目标图像被人为加入了均值为 0，方差为图像最大灰度 1% 高斯噪声。分割目标是将颅内区域划分为白质和灰质两类，输入数据为颅内各点像素的灰度值，分割后各区域的灰度以各聚类中心的灰度来表示。可以看出 FCM 算法的分割结果依然存在大量的离散点，而在 KFCM-S 算法的结果中这样的离散点大大减少，但依然存在不少离散的区域，而在 GS-KFCM-II 算法得到的结果中，这样的离散点和分散区域都大为减少。

由于目标图像的灰度为 16 比特，因此目标图像的灰度分布和 MRI Phantom 图像的灰度 (8 比特灰度) 分布有很大不同，在使用 4.3.2 节的估计方法来确定 σ 时，所得的估计值也远大于分割 MRI Phantom 时所得的 σ 值。实验结果说明若此时 σ 接近于分割 MRI Phantom 所得的 σ 值，则不能得到令人满意的分割结果。在本节的实验中，σ 的收敛曲线形状与图 4.10 类似，因此不再赘述。

上面分割结果和专家分割的标准结果进行比较可得定量的分割指标，表 4.4 和表 4.5 给出了相应的分割正确率和分割相似度指标。

表 4.4 使用不同算法在图 4.13 所示的实验中得到的分割指标

算法	相似率		正确率
	白质	灰质	
FCM	0.510	0.605	0.720
KFCM-S	0.783	0.853	0.904
本节算法	0.794	0.885	0.920

表 4.5 使用不同算法在图 4.15 所示的实验中得到的分割指标

算法	相似率		正确率
	白质	灰质	
FCM	0.463	0.564	0.683
KFCM-S	0.614	0.705	0.799
本节算法	0.626	0.758	0.828

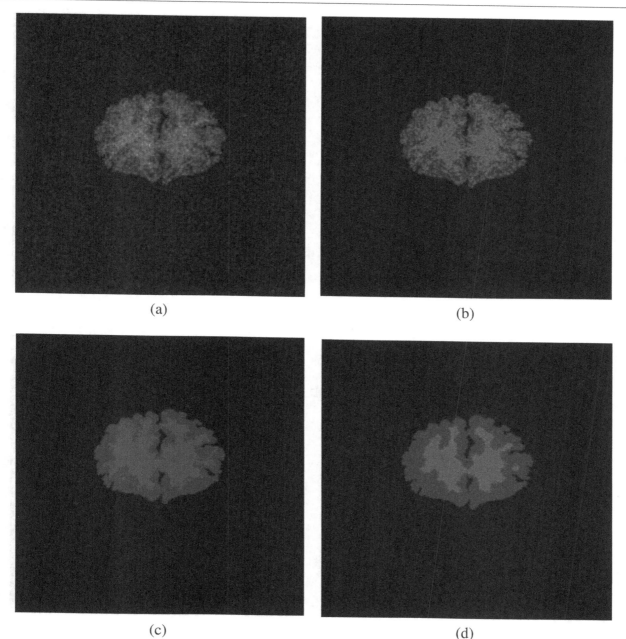

图 4.14 被高斯噪声污染的脑部 MRI T1 加权切片及分割结果
(a) 原始图像；(b) FCM 算法的结果；(c) KFCM-S 算法的结果；(d) 本节算法的结果

4.4 本章小结

本章在 KFCM-II 算法的基础上介绍了一种新的空间约束核聚类算法，该算法使用 Markov 场和聚类的中间结果构造像素标记场的先验概率，该先验概率使用 Gibbs 分布进行表示，并应用在核聚类的目标公式中。基于 Markov 场模型的先验概率描述了图像的空间连续性，并作

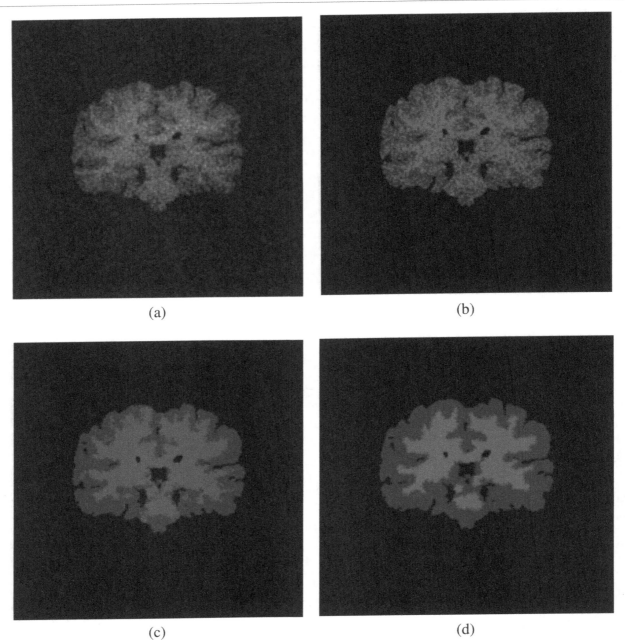

图 4.15 另一帧被高斯噪声污染的脑部 MRI T1 加权切片及分割结果
(a) 原始图像 (b) FCM 算法的结果 (c) KFCM-S 算法的结果 (d) 本节算法的结果

为聚类目标公式中的空间补偿项。新算法可得到分段光滑的分割结果，可以在很大程度上克服噪声和有偏场的影响。算法中使用的 Gibbs 分布具有类似于高斯核的形式，因此该算法的高斯核参数 σ 和 Gibbs 分布参数 β 都可以用类似的方法来估计。本章提出了对 σ 和 β 进行估计方法，并和聚类中心有关，σ 和 β 的估计值随聚类的迭代不断变化直至收敛。针对合成图像、MRI Phantom 图像和临床数据的分割实验表明，新算法具有良好的性能，适合于退化条件下的 MRI 图像的分割。

5 结合有偏场纠正的快速核聚类算法

5.1 引言

在 MRI 数据的成像过程中,由于成像磁场的不完善和成像体电磁特性的不均匀等原因,使得最终得到的 MRI 图像不可避免地具有某种程度的灰度不均匀性。这种灰度不均匀性的绝大部分成分可以建模为一个在整个图像域低频变化的灰度有偏场 (intensisty bias field),并且这种灰度上的偏移甚至可以达到图像局部灰度的 40% 以上。虽然这种灰度不均匀性在定性的临床诊断中并不成为一个严重的问题,但将严重地影响定量的图像处理和分析,因为这些图像处理任务通常均假设相同的组织在整个图像域上具有相似的灰度。因此定量的 MRI 图像分析需要考虑这种虚假的灰度变化[101-112]。

目前被广泛接受的假设是这种灰度不均匀性表现为一种光滑的空间变化函数,这个空间变化的函数改变了按组织分类的图像的灰度。这种描述灰度有偏场的函数通常被建模为乘性或者加性,即观察图像的灰度为原有的灰度乘以或加上灰度有偏场。目前使用最多的是乘性模型,这种模型可以比较有效地描述成像接受线圈磁感应的不均匀性。而对于感应电流和不均匀激磁效应引起的灰度上的偏差,乘性模型就不太适用了,而可以使用加性模型来表示[106]。成像模型除了要考虑灰度不均匀性外,还要考虑高频噪声的影响,高频噪声通常认为是 Rician 分布的,但是只要图像的信噪比 (SNR) 不至太低,则可以近似为高斯分布。这种近似对于图像中对应人体组织的部分是通常是恰当的[101-102]。

成像模型通常要考虑理想图像信号 $u(\boldsymbol{x})$、灰度有偏场 $b(\boldsymbol{x})$ 和噪声 $n(\boldsymbol{x})$ 之间的相互影响。最常用的成像模型假设高频噪声 $n(\boldsymbol{x})$ 是由成像设备引起的并独立于灰度有偏场,且为高斯随机分布[57,113],因此观察数据 $v(\boldsymbol{x})$ 可以表示为

$$v(\boldsymbol{x}) = u(\boldsymbol{x})b(\boldsymbol{x}) + n(\boldsymbol{x}), \forall \boldsymbol{x} \in \mathcal{L} \tag{5.1}$$

其中 $\mathcal{L}$ 表示图像的网格系统。

另一种模型假设由成像设备引起的噪声很小,并把人体组织的灰度不均匀性建模为"生物性噪声",并和理想信号 $u(\boldsymbol{x})$ 一起受到灰度有偏场的影响[58,103]这种模型可用在特定的场合中,本章的研究采用的模型由式 (5.1) 描述,因此对这种模型将不再赘述。

对图像的灰度有偏场,可以用多种方法来纠正。这些方法大体可以分为成像前和成像后的纠正方法,分别被称为 Prospective 和 Retrospective 方法。Prospective 方法可以利用水模 (imaging phantom)[112,114-115]、多线圈[116-118] 以及特殊的成像序列[119-122] 来校准图像的成像过程,从而达

到减弱灰度有偏场的目的；而后者 (Retrospective 方法) 则通过对成像数据处理和分析来完成图像的纠正。具体地说，Retrospective 方法可以利用滤波[111,123-124,143]、曲面插值[110,125-126]、分割[105,127-132]和直方图[101,133-135]等技术来完成。

本章关注的是利用分割的中间结果来进行有偏场纠正的方法。由于图像灰度不均匀性的纠正也是提高分割准确度的一个关键步骤，因此灰度纠正和图像的分割可以看作一个相互交替并相互影响的过程，因此可以在聚类的过程中完成图像灰度的矫正。

另一方面，不同于 KFCM-II 算法，对于图像分割任务，在高维空间进行聚类是可行的。如前所述，在高维空间中直接进行模糊聚类不可避免地需要大量计算，为了减小算法的复杂度，有必要设计快速核聚类算法。虽然对核聚类算法可以采用各种改进，但是在 MRI 图像的分割过程中，综合考虑图像的去噪、有偏场的纠正和空间约束的快速核聚类算法还是比较少见的[39]。

5.2 空间约束的快速核聚类算法

5.2.1 特征空间的核距离展开式

由前面的讨论可知，KFCM-I 算法在高维空间中隐式得到聚类中心 $\boldsymbol{v}_1^\Phi, \cdots, \boldsymbol{v}_C^\Phi$ 可以表示为一个映射点的加权和：

$$\boldsymbol{v}_i^\Phi = \sum_{k=1}^N \alpha_{i,k} \Phi(\boldsymbol{x}_k) \ , \ \sum_{k=1}^N \alpha_{i,k} = 1, \ \forall i \in [C] \tag{5.2}$$

则映射点 $\Phi(\boldsymbol{x}_k)$ 与聚类中心 $\boldsymbol{v}_i^\Phi$ 距离平方的展开式可以写成下面的向量形式：

$$\left\| \Phi(\boldsymbol{x}_k) - \sum_{j=1}^N \alpha_{i,j} \Phi(\boldsymbol{x}_j) \right\|^2 = K_{k,k} - 2\boldsymbol{\alpha}_i^{\mathrm{T}} \boldsymbol{K}_k + \boldsymbol{\alpha}_i^{\mathrm{T}} \boldsymbol{K} \boldsymbol{\alpha}_i \tag{5.3}$$

其中，$K_{k,k}$ 为矩阵的 $\boldsymbol{K} \in \mathbb{R}^{N\times N}$ 的第 k 个对角线元素。而矩阵元素 $K_{i,j}$ 则定义如下：$K_{i,j} \doteq K(\boldsymbol{x}_i, \boldsymbol{x}_j)$，$\forall i,j \in [N]$，$\boldsymbol{K}_k \in \mathbb{R}^N$ 为矩阵 $\boldsymbol{K}$ 的第 k 个列向量。而 $\boldsymbol{\alpha}_i \in \mathbb{R}^N$ 为列向量，$\boldsymbol{\alpha}_i \doteq [\alpha_{i,1}, \cdots, \alpha_{i,N}]^{\mathrm{T}}$。

使用上面定义的符号，聚类目标公式可以写为

$$J = \sum_{i=1}^C \sum_{k=1}^N \left(K_{k,k} - 2\boldsymbol{\alpha}_i^{\mathrm{T}} \boldsymbol{K}_k + \boldsymbol{\alpha}_i^{\mathrm{T}} \boldsymbol{K} \boldsymbol{\alpha}_i \right) \tag{5.4}$$

相应隶属度的定点迭代公式可以写为：

$$\mu_{i,k} = \frac{\left(K_{k,k} - 2\boldsymbol{\alpha}_i^{\mathrm{T}}\boldsymbol{K}_k + \boldsymbol{\alpha}_i^{\mathrm{T}}\boldsymbol{K}\boldsymbol{\alpha}_i\right)^{-1/(m-1)}}{\sum_{j=1}^{C}\left(K_{k,k} - 2\boldsymbol{\alpha}_j^{\mathrm{T}}\boldsymbol{K}_k + \boldsymbol{\alpha}_j^{\mathrm{T}}\boldsymbol{K}\boldsymbol{\alpha}_j\right)^{-1/(m-1)}}, \ \forall i \in [C] \tag{5.5}$$

$$\boldsymbol{\alpha}_i = \frac{\sum_{k=1}^{N}\mu_{i,k}^m \boldsymbol{K}^{-1}\boldsymbol{K}_k}{\sum_{k=1}^{N}\mu_{i,k}^m}, \ \forall i \in [C] \tag{5.6}$$

较之 FCM 算法而言，KFCM-I 算法的计算复杂度急剧升高的原因来自式 (5.3)。计算式 (5.3) 这个展开式除了要计算输入数据的 Gram 矩阵外，至少还要做 $2N^2$ 次乘法。设聚类迭代的次数为 L，并假设输入数据的 Gram 矩阵已经存储，则 FCM 算法的时间复杂度为 $O(NCL)$，而 KFCM-I 算法的时间复杂度为 $O(N^3CL)$，其中 N 为输入数据的个数，而 C 为聚类数目。因此，和传统的非核的聚类算法相比，KFCM-I 算法的简化可以集中在简化式 (5.3) 上。

5.2.2 简化的核距离平方展开式

由前面的讨论可知，简化 KFCM-I 算法的主要目标可以集中在其核函数距离平方展开式上。由于 $\sum_{k=1}^{N}\alpha_{i,k} = 1$，则 $\sum_{\ell=1}^{N}\sum_{j=1}^{N}\alpha_{i,\ell}\cdot\alpha_{i,j} = 1$。在 KFCM-I 算法中，由于 $\alpha_{i,k} = \left(\sum_{j=1}^{N}\mu_{i,j}^m\right)^{-1}\mu_{i,k}^m$，所以 $\alpha_{i,k}$ 的意义可以解释为使用映射点 $\Phi(\boldsymbol{x}_k)$ 表示聚类中心 $\boldsymbol{v}_i^{\Phi}$ 的有效性——即 $\Phi(\boldsymbol{x}_k)$ 和 $\boldsymbol{v}_i^{\Phi}$ 越接近，则 $\alpha_{i,k}$ 的取值也越大。一个自然的假设就是 $\boldsymbol{v}_i^{\Phi}$ 由少量针对于该类的高隶属度映射点来表示。本书称这样的输入数据为聚类 $\mathcal{C}_i$ 的典型集，并记为 $\boldsymbol{x}^i = \{\boldsymbol{x}^i(1),\cdots,\boldsymbol{x}^i(N_i)\}$，并设 $\boldsymbol{x}^i$ 之外的数据 $\boldsymbol{x}_k$，有 $\alpha_{i,k} = 0$。在这样的假设下，依然满足 $\sum_{\ell=1}^{N}\sum_{j=1}^{N}\alpha_{i,\ell}\cdot\alpha_{i,j} = 1$。由于 $\boldsymbol{x}^i$ 中的数据对于某一聚类具有高隶属度量，因此可以做下面的近似 $\boldsymbol{x}^i(1) \approx \cdots \approx \boldsymbol{x}^i(N_i)$，此时在使用高斯核的条件下有 $K(\boldsymbol{x}^i(k_1),\boldsymbol{x}^i(k_2)) \approx 1, \forall k_1,k_2 \in [N_i]$，则式 (5.3) 中计算最复杂的部分可以简化为

$$\left(\boldsymbol{v}_i^{\Phi}\right)^{\mathrm{T}}\boldsymbol{v}_i^{\Phi} = \sum_{\ell=1}^{N}\sum_{j=1}^{N}\alpha_{i,\ell}\cdot\alpha_{i,j}K(\boldsymbol{x}_\ell,\boldsymbol{x}_j) \approx \sum_{\ell=1}^{N}\sum_{j=1}^{N}\alpha_{i,\ell}\cdot\alpha_{i,j} = 1 \tag{5.7}$$

这一点实际上和 KFCM-II 算法使用近似原像得到的结果是一样的，在 KFCM-II 算法中，满足：

$$\left(\boldsymbol{v}_i^{\Phi}\right)^{\mathrm{T}}\boldsymbol{v}_i^{\Phi} = \left(\Phi(\boldsymbol{v}_i)\right)^{\mathrm{T}}\Phi(\boldsymbol{v}_i) = 1$$

在式 (5.7) 的条件下，使用满足 $K(\boldsymbol{x},\boldsymbol{x}) \equiv 1$ 的核函数 (如高斯核)，式 (5.3) 可以简化为下面的形式：

$$\left\| \Phi(\boldsymbol{x}_k) - \boldsymbol{v}_i^\phi \right\|^2 \approx 2 - 2S(k,i) \tag{5.8}$$

其中

$$S(k,i) = \frac{\sum_{j=1}^{N} \mu_{i,j}^m K(\boldsymbol{x}_j, \boldsymbol{x}_i)}{\sum_{\ell=1}^{N} \mu_{i,\ell}^m} \tag{5.9}$$

由于隶属度的定点迭代公式可以写为

$$\mu_{i,j} = \frac{\left\| \Phi(\boldsymbol{x}_k) - \boldsymbol{v}_i^\phi \right\|^{-2/(m-1)}}{\sum_{j=1}^{C} \left\| \Phi(\boldsymbol{x}_k) - \boldsymbol{v}_j^\phi \right\|^{-2/(m-1)}} \tag{5.10}$$

所以使用式 (5.8) 和式 (5.9)，则上面的公式 (5.10) 可以改写如下：

$$\mu_{i,k} = \frac{\left(1 - S(k,i)\right)^{-1/(m-1)}}{\sum_{j=1}^{C} \left(1 - S(k,i)\right)^{-1/(m-1)}} \tag{5.11}$$

在上面的简化展开式中，除了计算式 (5.9) 外，新算法其余部分的计算复杂度量和 FCM 算法相同。另外需要注意的是，和 KFCM-I 算法相似，新算法的聚类中心不能也无须显式地进行计算，而计算式 (5.9) 的代价实际上和计算高维空间中的核聚类中心的复杂度相当，并且式 (5.9) 和 FCM 算法中的聚类中心的迭代式相似，只是需要计算 $S(k,i), \forall (k,i) \in [N] \times [N]$ 的值，因此 $S(k,i)$ 实际上度量了输入数据和聚类的相似性。设输入数据的 Gram 矩阵可以事先得到并供查表使用，因此使用式 (5.9) 的计算复杂度约是计算 FCM 算法的聚类中心的 N 倍，因此使用式 (5.8)、(5.9) 和 (5.11) 实现聚类算法，能使计算复杂度从 KFCM-I 算法的 $O(N^3CL)$ 降低为 $O(N^2CL)$。

5.2.3 数据分类及数据的空间约束

使用聚类算法来对图像进行分割时，可以针对图像的特点进一步加速聚类的过程。类似已有的方法[42,94]，本节我们使用一种输入数据分类的方法，来进一步加速核聚类算法的速度。首先将数据的空间约束用双通道图像的形式来描述，然后将像素的双通道灰度向量进行分类以减少有效的输入数据。假设像素的双通道灰度向量 $\boldsymbol{x}_1, \cdots, \boldsymbol{x}_N$ 可以被划分为 M 类，每个类中包含相同的数据。记序号为 t 的类中元素的个数为 w_t，元素值为 $x_t, \forall t \in [M]$，则 KFCM-I

算法的目标公式可以改写为如下形式：

$$J = \sum_{i=1}^{C} \sum_{t=1}^{M} w_t \mu_{i,t}^m \left\| \Phi(\boldsymbol{x}_t) - \sum_{j=1}^{M} \alpha_{i,j} \Phi(\boldsymbol{x}_j) \right\|^2 \tag{5.12}$$

相应的式 (5.9) 和式 (5.11) 可以改写为如下形式：

$$S(t,i) = \frac{\sum_{\tau=1}^{M} w_\tau \mu_{t,\tau}^m K(\boldsymbol{x}_\tau, x_t)}{\sum_{\tau=1}^{M} w_\tau \mu_{t,\tau}^m}, \forall (t,i) \in [M] \times [C] \tag{5.13}$$

$$\mu_{i,t} = \frac{\left(1 - S(t,i)\right)^{-1/(m-1)}}{\sum_{j=1}^{C} \left(1 - S(t,i)\right)^{-1/(m-1)}}, \forall (t,i) \in [M] \times [C] \tag{5.14}$$

使用上面的分类方法，则算法的复杂度进一步由 $O(N^2CL)$ 减小为 $O(M^2CL)$，对于图像像素这样的输入数据来说，由于具有相同灰度的像素可能很多，所以通常满足 $M < N$。

对图像的空间约束进行抽取也有多种方法，例如前面提到的输入向量 $\boldsymbol{x}_k$ 也可以是任何包含图像空间信息的数据，因此对图像空间约束的抽象通常可以归于数据的特征提取，并在预处理阶段完成，因此本质上并不属于聚类算法的一部分。不过不失讨论的一般性，我们定义 $\boldsymbol{x}_k$ 为如下形式：

$$\boldsymbol{x}_k = [x_k, r_k \bar{x}_k]^{\mathrm{T}}, \forall k \in [N] \tag{5.15}$$

其中，x_k 表示为像素 k 的灰度；而 $\bar{x}_k$ 表示为像素 k 的邻域灰度滤波值；而 r_k 为和空间有关的正数，该参数确定了滤波值在整个灰度向量中的影响，通常可以在低信噪比的区域取一个较大的值。

为了讨论的方便，不妨令 $\bar{x}_k$ 为 3×3 邻域均值滤波后所得的灰度值，并且在本章的实验中令 $r_k = 1$。这样，本章提出的快速核聚类算法 **SFKFCM** (spatial fast kernel C means) 可以总结如下：

1: 使用式 (5.15) 来组成双通道的输入灰度向量 $\boldsymbol{x}_1, \cdots, \boldsymbol{x}_N$，并把这些向量数据划分为 M 个类。
2: 初始化隶属度 $\mu_{i,t}, \forall (i,t) \in [C] \times [M]$。
3: **repeat**
4: 　使用式 (5.13) 计算 $S(t,i)$ 的值，$\forall (i,t) \in [C] \times [M]$。
5: 　使用式 (5.14) 计算隶属度矩阵 $[\mu_{i,t}]_{C \times M}$。
6: **until** 隶属度矩阵收敛或者达到事先约定的最大迭代次数。
7: 按照隶属度将输入向量 $\boldsymbol{x}_1, \cdots, \boldsymbol{x}_N$ 并入某一聚类，$\boldsymbol{x}_k \in \mathcal{C}_{i^*}$，其中 $i^* = \arg\max_{i} \mu_{i,k}$。
8: **return** 聚类结果 $\mathcal{C}_i, \forall i \in [C]$。

5.2.4 灰度有偏场的纠正

5.2.4.1 有偏场模型

在上面快速算法的基础上，可以利用聚类的中间结果进行灰度有偏场的纠正，这种聚类过程中的灰度矫正不仅有利于提高图像分割的准确度，而且对进一步加速核聚类的收敛也有好处。

如5.1节所述，可以采用式 (5.1) 为基本模型，即灰度有偏场为一个低频变化的乘性场。另外图像还受到加性噪声 $\boldsymbol{n}_k$ 的影响，即

$$\boldsymbol{x}_k = \boldsymbol{B}_k^* \boldsymbol{x}_k^* + \boldsymbol{n}_k, \ \forall k \in [N] \tag{5.16}$$

其中，$\boldsymbol{x}_k^*$ 是第 k 个像素的真实灰度特征；$\boldsymbol{x}_k$ 是其观察的灰度特征；$\boldsymbol{B}_k^*$ 为该点的有偏场的取值；$\boldsymbol{n}_k$ 为该处的加性噪声。

我们假设噪声的影响可以被合并到被称为复合有偏场的模型中 (记为 $\boldsymbol{B}_k$)，该模型用来描述传统有偏场和加性噪声的综合影响。这样，式 (5.16) 可以进一步转化为

$$\boldsymbol{x}_k = \boldsymbol{B}_k \boldsymbol{x}_k^*, \ \forall k \in [N] \tag{5.17}$$

对上式两边同取对数，从而将式 (5.17) 中的乘法转化为加法，即

$$\tilde{\boldsymbol{x}}_k = \tilde{\boldsymbol{x}}_k^* + \boldsymbol{b}_k, \ \forall i \in [N] \tag{5.18}$$

其中，$\tilde{\boldsymbol{x}}_k$、$\tilde{\boldsymbol{x}}_k^*$、$\boldsymbol{b}_k$ 分别为 $\boldsymbol{x}_k$、$\boldsymbol{x}_k^*$、$\boldsymbol{B}_k$ 的对数形式。

5.2.4.2 有偏场的估计

在有偏场的估计中，Liew 和 Yan[43] 以及 Ahmed 等人[91] 都提出可以使用灰度的残差来作为这种灰度不均匀性的估计。具体来说，如果采用式 (5.18) 的模型，并将其用在 FCM 算法的目标公式中，可以得到

$$J = \sum_{i=1}^{C} \sum_{k=1}^{N} \mu_{i,k}^m \left\| \tilde{\boldsymbol{x}}_k - \boldsymbol{b}_k - \tilde{\boldsymbol{v}}_i \right\|^2 \tag{5.19}$$

其中，$\tilde{\boldsymbol{x}}_k - \boldsymbol{b}_k$ 为对数形式的真实值的估计；$\tilde{\boldsymbol{v}}_i$ 为对数形式的聚类中心。采用拉格朗日乘数法，可得下面的目标公式：

$$F_m = \sum_{i=1}^{C}\sum_{k=1}^{N}\mu_{i,k}^m\left(\tilde{\boldsymbol{x}}_k - \boldsymbol{b}_k - \tilde{\boldsymbol{v}}_i\right)^2 + \lambda\left(1 - \sum_{i=1}^{C}\mu_{i,k}\right) \quad (5.20)$$

对式 (5.20) 取关于 $\boldsymbol{b}_k$ 的偏导，并令其为零，可以得到

$$\sum_{i=1}^{C}\frac{\partial}{\partial \boldsymbol{b}_k}\sum_{k=1}^{N}\mu_{i,k}^m\left(\tilde{\boldsymbol{x}}_k - \boldsymbol{b}_k - \tilde{\boldsymbol{v}}_i\right)^2\bigg|_{\boldsymbol{b}_k=\boldsymbol{b}_k^*} = 0 \quad (5.21)$$

由于式 (5.21) 仅有第二个求和符号中的第 k 项依赖于 $\boldsymbol{b}_k$，所以上式可以进一步展开为

$$\tilde{\boldsymbol{x}}_k\sum_{i=1}^{C}\mu_{i,k}^m - \boldsymbol{b}_k\sum_{i=1}^{C}\mu_{i,k}^m - \sum_{i=1}^{C}\mu_{i,k}^m\tilde{\boldsymbol{v}}_i\bigg|_{\boldsymbol{b}_k=\boldsymbol{b}_k^*} = 0 \quad (5.22)$$

从而得到

$$\tilde{\boldsymbol{x}}_k - \boldsymbol{b}_k^* = \frac{\sum_{i=1}^{C}\mu_{i,k}^m\tilde{\boldsymbol{v}}_i}{\sum_{i=1}^{C}\mu_{i,k}^m} \quad (5.23)$$

上式说明了图像的真实灰度值可以用聚类中心的加权和来表示。

由于使用了输入数据分类的方法，所以 $\mu_{i,t}, \forall (i,t) \in [C] \times [M]$ 实际上是数据类对应于各个聚类的隶属度。通过简单的换算，同时不难得到图像中各个像素对于各个聚类的隶属度，为了区别前面的数据类隶属度 $\mu_{i,k}$，记像素的隶属度为 $\tilde{\mu}_{i,k}, \forall (i,j) \in [C] \times [N]$。

由于在特征空间中得到的核聚类中心对原来的聚类问题并没有明显的意义，并且核聚类中心难以显式地获得，我们提出下面的方法对输入数据第 n 个通道的聚类中心 $v_{i,n}^*$ (在原始空间获得) 和第 n 个通道的有偏 $b_{k,n}^*$ 进行计算：

$$\begin{cases} \tilde{v}_{i,n}^* = \dfrac{\sum_{t=1}^{M}w_t\mu_{i,t}^m\tilde{x}_{t,n}}{\sum_{t=1}^{M}w_t\mu_{i,t}^m}, \forall i \in [C] \\ b_{k,n}^* = \tilde{x}_{k,n} - \dfrac{\sum_{i=1}^{C}\tilde{\mu}_{i,k}^m\tilde{v}_{i,n}^*}{\sum_{i=1}^{C}\tilde{\mu}_{i,k}^m}, k \in [N] \end{cases} \quad (5.24)$$

式中数据均以对数形式表示，其中 w_t 为第 t 个像素分类的加权系数 (像素的个数)，$\tilde{v}_{i,n}^*$ 为第 n 个通道数据的聚类中心 (第 i 个聚类)，$\tilde{x}_{t,n}$ 为使用像素分类后第 t 类的第 n 个通道的数据，$\tilde{x}_{k,n}$ 为像素 k 的第 n 个通道的数据。在本节的实验中，设定 $n \in \{1,2\}$，即选择原始的图像作为第一通道的数据，而邻域均值滤波图像作为第二通道的数据。

当得到复合有偏场 $b_{k,n}^*$ ($\forall k \in [N], n \in \{1,2\}$) 的估计时，可以对两个通道的灰度纠正数据，如下式所示：

$$\begin{cases} x_{k,\ell,1} = x_k \big/ \exp(b_{k,1}^*) \\ x_{k,\ell,2} = \bar{x}_k \big/ \exp(b_{k,2}^*) \end{cases}, \quad (k,\ell) \in [N] \times [L] \tag{5.25}$$

其中，$x_{k,\ell,1}$ 在第 ℓ 次迭代中第一通道像素 k 的纠正灰度，而 $x_{k,\ell,2}$ 为第二通道像素 k 的纠正灰度，x_k 和 $\bar{x}_k$ 分别为原始图像和滤波图像的灰度，其中 L 为事先定义的最大迭代次数。

5.2.4.3 有偏场纠正对 SFKFCM 算法的影响

可以将上面有偏场纠正的方法应用到 SFKFCM 算法中，即在每次迭代中进行灰度纠正，并使用 $\boldsymbol{x}_k = (x_{k,\ell,1}, x_{k,\ell,2})$ 代替式 (5.15) 中的数据再进行下一次迭代，从而进一步提高图像分割的精度。

有趣的是，在迭代过程中引入灰度纠正并不意味着计算复杂度量的进一步增加，相反，灰度矫正可以降低数据分类数 M (见5.2.3小节)。也即计算复杂度 $O(M^2CL)$ 中的 M 将是迭代次数 ℓ 的减函数，这个特性有利于 SFKFCM 算法的收敛，并进一步加快聚类过程。后面还将用实验对 SFKFCM 算法的这个性质加以讨论。

5.2.5 SFKFCM 算法的归纳

本章所提出的 SFKFCM 算法用于分割被加性噪声和灰度有偏场污染的 MRI 数据，可以归纳如下：

1: 使用式 (5.15) 来组成双通道的输入灰度向量 $\boldsymbol{x}_1, \cdots, \boldsymbol{x}_N$，并把这些向量数据划分为 M 个类。
2: 初始化隶属度 $\mu_{i,t}, \forall(i,t) \in [C] \times [M]$。
3: **repeat**
4:    使用式 (5.13) 计算 $S(t,i)$ 的值，$\forall(i,t) \in [C] \times [M]$。
5:    使用式 (5.14) 计算隶属度矩阵 $[\mu_{i,t}]_{C \times M}$。
6:    使用式 (5.24) 来计算聚类中心和复合有偏场。
7:    使用式 (5.25) 来更正图像各个通道数据的灰度。
8: **until** 隶属度矩阵收敛或者达到事先约定的最大迭代次数。
9: 按照隶属度将输入向量 $\boldsymbol{x}_1, \cdots, \boldsymbol{x}_N$ 并入某一聚类，$\boldsymbol{x}_k \in \mathcal{C}_{i^*}$，其中 $i^* = \arg\max\limits_{i} \mu_{i,k}$。
10: **return** 聚类结果 $\mathcal{C}_i, \forall i \in [C]$。

5.3 实验和讨论

5.3.1 对 Brain MRI Phantom 的实验

作为实验的第一步，采用 SFKFCM 算法来分割 BrainWeb 的脑部 MRI Phantom 数据。在聚类的目标公式中限定 $m=2$，并使用像素的 3×3 邻域进行滤波，滤波图像实际上反映了像素在这个邻域上的空间信息。本节的实验对不同降质条件下的轴向 T1 加权切片进行分割。

图5.1显示了不同算法在 MRI Phantom 切片上的分割结果。降质条件为 9% 的加性噪声和 40% 的有偏场，图像的平面解析度为 1 mm^2。分割的目标仍是将颅内相关区域分割为白质 (WM)，灰质 (GM) 和脊髓液 (CSF)。从图5.1所示的分割结果可以看出，使用 SFKFCM 算法得到的分割结果要更加均匀，这对于分段光滑的 MRI 图像来说通常代表着更好的结果，后面给出的定量数据也支持这样的结论。

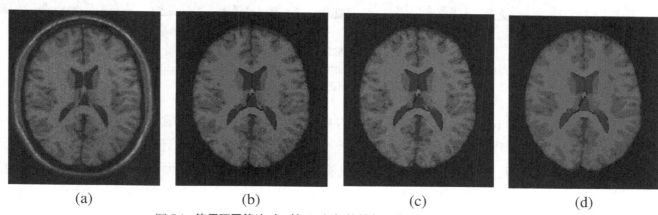

图 5.1 使用不同算法对一帧 T1 加权的轴向切片进行分割的结果
(a) 原始图像；(b) FCM 算法的结果；(c) KFCM-II 算法的结果；(d) 使用 SFKFCM 算法的结果

由于 SFKFCM 算法使用滤波图像来描述图像的空间约束，并将滤波图像作为第二通道的数据，因此在聚类结束时，第二通道的数据也可以得到和第一通道分割结果相似的分割图像。图5.2所示的为 SFKFCM 算法对另一帧 MRI Phantom 图像进行分割的结果，降质条件为 5% 的噪声和 20% 的有偏场，可以看出两个通道的分割结果十分接近。实际上在聚类结束后，不同通道图像的对

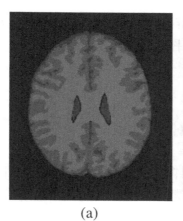 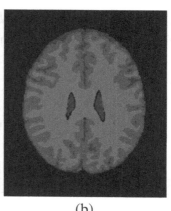

图 5.2 SFKFCM 算法得到的不同通道的分割结果
(a) 在原始图像上的分割结果 (b) 在滤波图像上的分割结果

应像素隶属于相同的聚类，对应像素只是在灰度上略有差别。

在实际应用中，分割区域的分布通常比灰度的分布更重要，因此两个通道分割结果在灰度上的细微差别通常并不是一个严重的问题，任何一个分割结果都可以作为原来问题的最后结果。

图5.3给出了在图5.1所示的实验中得到的白质、灰质和脊髓液等区域的灰度矫正结果。其中图5.3(a) 和 (c) 分别为原始图像和滤波图像的纠正结果，而图5.3(b) 和 (d) 则是第一通道数据(对应于原始图像) 和第二通道数据(对应于滤波图像) 的复合有偏场的估计结果。

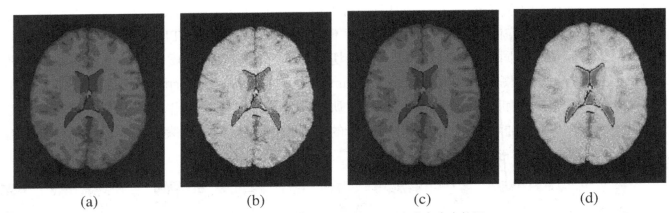

图 5.3 原始图像和滤波图像的纠正结果以及相应复合有偏场
(a) 原始图像的矫正结果；(b) 原始图像的复合有偏场；(c) 滤波图像的矫正结果；(d) 滤波图像图像的复合有偏场

注意图5.3(b) 和 (d) 所示的复合有偏场的灰度值已经按比例转化成为 1 到 255。从图 5.3(b) 和 (d) 的结果可以发现，所得的复合有偏场不仅包含低频成分，而且还包含高频分量。其中低频成分在很大程度上反映了缓慢变化的传统有偏场，而高频分量则大部分来源于图像中的加性随机噪声，这也是为什么将上面的灰度不均匀性的估计称为复合有偏场的主要原因。这种灰度不均匀性的估计和以前文献中所提到的传统灰度有偏场有所不同，本章的复合有偏场可以作为一种有效的去噪手段来得到更加均匀的分割结果。

需要注意的是，通常滤波图像中的复合有偏场相对于原始图像的复合有偏场含有更少的噪声信息和更多的图像边缘的细节，因此使得两个通道 (原始图像和滤波图像) 的纠正结果十分相似，这一点也可以由图5.3(a) 和 (c) 上看出。

5.3.2 灰度矫正及其对聚类效能的影响

在聚类过程中进行图像灰度的矫正也有利于加速算法——实验表明矫正后图像使得计算复杂度 $O(M^2CL)$ 中的参数 M 在每次迭代中近似于指数递减。

图5.4给出了本章实验中典型的 M 随迭代次数 i 递减的曲线。图像所示的符号 pn$X$rf$Y$ (如 pn1rf40)，表示实验所使用的图像被 $X\%$ 加性噪声和 $Y\%$ 的有偏场污染。

实验在不同的降质条件下对不同的 MRI 切片进行了分割，所得的参数 M 随迭代次数变化的曲线是类似的。为了简明起见，图5.4只给出了四种降质条件下的 M 的变化曲线。

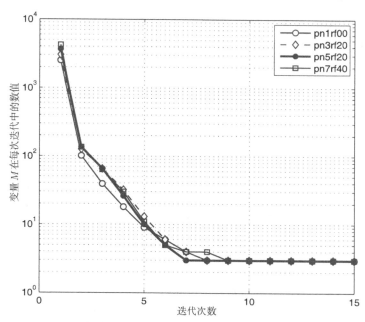

图 5.4　在不同降质条件下，参数 M 随迭代次数发生变化的曲线

由于 M 随着迭代次数迅速下降，所以后面迭代的计算量较之前面的迭代则大大减小，因此 SFKFCM 算法的计算量实际上在很大程度上取决于聚类的初始化和第一次的迭代。在这个意义下，整个算法的计算复杂度可以进一步近似为 $O(M_0^2 C)$，其中 M_0 为在第一次聚类迭代中得到的分类参数。

在下面的表格中，给出了使用不同算法所得分割结果的定量指标，分割指标依然采用分割准确度和分割相似性来度量。表5.1给出了在不同的降质条件下，使用 FCM、KFCM-II 和 SFKFCM 算法分割 T1 加权的 MRI 图像所得的分割准确度指标。

表5.2给出了相应的分割相似度指标。表5.1和表5.2所示的结果表明，在分割低信噪比的 MRI 数据时，较之其他算法而言，SFKFCM 算法更加稳定。另外需要注意的是，对于不同降质条件而言，图像的灰度向量(例如双通道数据或者其他多谱图像的灰度向量)可以更加灵活地进行定义，这也有助于进一步提升算法的精确度和稳定性。例如在进行高信噪比图像的分割时，当式 (5.15) 中的参数 r_k 取一个比较小的数值时更利于分

表 5.1　使用不同算法在不同降质条件下对一帧 MRI Phantom 切片进行分割所得到的准确度指标

噪声	有偏场	分割准确度		
		FCM	KFCM-II	SFKFCM
5%	0%	0.947	0.948	0.952
	20%	0.942	0.942	0.948
	40%	0.927	0.927	0.932
7%	0%	0.915	0.915	0.945
	20%	0.909	0.909	0.939
	40%	0.889	0.890	0.919
9%	0%	0.865	0.866	0.931
	20%	0.866	0.867	0.921
	40%	0.856	0.857	0.910

割精度的提高。如何根据图像的灰度分布以及先验知识来自适应地确定该参数的值，是一个值得研究的预处理问题，但本质上并不是聚类过程的一部分。在本章中，我们设定 $r_k = 1$，从而简化了输入数据的特征提取过程，实验中由于灰度向量使用了邻域灰度的平均值，因而有利于提高低信噪比图像的分割准确度。

表 5.2 使用不同算法在不同降质条件下得到的分割相似度指标

噪声	有偏场	组织类型(聚类)	分割相似度		
			FCM	KFCM-II	SFKFCM
5%	0%	CSF	0.900	0.902	0.868
		GW	0.873	0.873	0.886
		WM	0.922	0.922	0.939
	20%	CSF	0.893	0.892	0.882
		GW	0.862	0.863	0.875
		WM	0.913	0.913	0.929
	40%	CSF	0.884	0.884	0.871
		GW	0.831	0.831	0.840
		WM	0.886	0.886	0.901
7%	0%	CSF	0.866	0.866	0.872
		GW	0.804	0.804	0.870
		WM	0.870	0.870	0.927
	20%	CSF	0.852	0.851	0.857
		GW	0.793	0.791	0.854
		WM	0.864	0.864	0.917
	40%	CSF	0.846	0.836	0.857
		GW	0.765	0.761	0.815
		WM	0.834	0.829	0.880
9%	0%	CSF	0.806	0.797	0.860
		GW	0.711	0.707	0.837
		WM	0.796	0.803	0.902
	20%	CSF	0.802	0.793	0.846
		GW	0.716	0.711	0.818
		WM	0.804	0.804	0.889
	40%	CSF	0.799	0.785	0.845
		GW	0.701	0.694	0.795
		WM	0.789	0.789	0.868

5.3.3 对真实临床图像的实验

作为本章分割实验的最后一个部分，使用 SFKFCM 算法对真实的临床图像进行了分割。实验所用的 MRI 图像来自 MGH CMA Internet Brain Segmentation Repository (IBSR) 的真实临床数据。该数据带有一个专家半手工分割的结果以供比较。实验图像为 1.5 Tesla General Electric Sigma 获得的 55 岁男性的脑部成像数据，图像的平面解析度为 $0.9375\ mm^2$。

分割前，目标图像被手工加入了均值为零，方差为灰度最大值 0.05% 的高斯噪声。图 5.5 给出了 FCM、KFCM-II、SFKFCM 三种算法的分割结果。

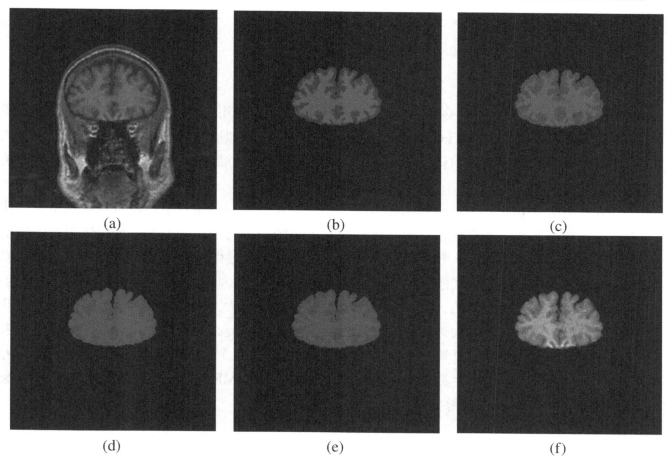

图 5.5 使用不同算法分割 T1 加权临床脑部图像的结果
(a) 原始图像；(b) FCM 算法的结果；(c) KFCM-II 算法的结果；
(d) SFKFCM 算法的分割结果；(e) SFKFCM 算法的图像纠正结果；
(f) SFKFCM 算法得到的复合有偏场

图5.5(e)为纠正后的图像,图5.5(f)为复合有偏场(compound bias field)的估计。其中图5.5(f)中的灰度值已经过线性转换被扩展到 1 ~ 255 的范围内。

表5.3列出了该实验结果的定量指标,从表5.3的数据中不难发现,使用 SFKFCM 算法是稳定的,较之其他算法而言,其分割结果对图像的灰度不均匀性是不敏感的。

表 5.3 使用不同算法得到的分割定量指标

算法	分割相似度		分割精度
	WM	GM	
FCM	0.767	0.757	0.865
KFCM-II	0.822	0.847	0.910
SFKFCM	0.854	0.864	0.924

5.4 本章小结

本章提出了一种空间约束的快速核聚类算法 SFKFCM 用来分割脑部 MRI 图像并纠正图像中的灰度不均匀性。与 KFCM-II 算法使用核聚类中心近似原像的方法不同，SFKFCM 算法的聚类结果是在特征空间中得到的，并通过简化核距离平方展开式的方法来降低算法的复杂度。

SFKFCM 算法使用了多通道数据来引入图像数据的空间约束信息，在本章的实验中，使用原始图像和滤波图像对应像素的灰度构成了聚类的输入向量。为了进一步加快图像的分割过程，该算法还使用了输入数据分类的方法，并在聚类的过程中使用了中间结果来矫正 MRI 图像的灰度不均匀性。与其他相关算法相比，新算法对低信噪比图像的分割具有良好的性能。同时由于使用了加速的方法，SFKFCM 算法的执行时间也大大降低，并且这种速度上的提升并不以明显的聚类性能损失为代价。SFKFCM 算法的计算复杂度约为 $O(M^2C)$，而原来的未作简化的 KFCM-I 算法的计算复杂度量为 $O(N^3CL)$，其中 $M \ll N$，C 为聚类的数目，L 为聚类的迭代次数，并且在聚类实验中通常满足 $L > 10$。对 MRI Phantom 数据和真实临床图像的大量实验表明 SFKFCM 算法是有效的。

6 基于聚类典型数据的快速核聚类算法

6.1 引言

如第 5 章所述，对于在高维特征空间中进行的模糊核聚类算法，其聚类中心可以隐式地表示为映射点的线性加权和，即

$$v_i^{\Phi} = \boldsymbol{\alpha}_i^{\mathrm{T}} \cdot \Phi(\boldsymbol{x}) \tag{6.1}$$

其中：

$$\begin{cases} \Phi(\boldsymbol{x}) = \left(\Phi(\boldsymbol{x}_1), \cdots, \Phi(\boldsymbol{x}_N)\right)^{\mathrm{T}} \\ \boldsymbol{\alpha}_i = \left(\sum_{k=1}^{N} \mu_{i,k}^m\right)^{-1} \left(\mu_{i,1}^m, \cdots, \mu_{i,N}^m\right)^{\mathrm{T}} \end{cases} \tag{6.2}$$

KFCM-I 算法中映射点与核聚类中心的距离平方的展开式为式 (5.3)。该展开式是 KFCM-I 算法复杂性增高的主要原因，因此减小计算量的关键可以集中在对式 (5.3) 的简化上。从这一点出发，简化大致可以分为两类：第一类为简化式 (5.3) 本身，而第二类方法可以集中在减少有效输入数据 (即减小 N) 上。

第一种方法的典型代表是 KFCM-II 算法，该算法使用近似原像的概念将式 (5.3) 从一系列加权和简化为两个简单的项。而第二种方法的一个典型代表是第 5 章提到的数据分类的方法，这种方法对于图像分割这类的任务十分适用，因为图像像素的数目虽然很大，但是像素特征的取值范围却十分有限。若像素特征取离散值，则输入数据可能有很多重叠，因此数据分类的方法可以大大减小输入数据的有效数目，从而加快聚类的过程。

本章我们提出一种结合上述两种策略的快速核聚类算法，该算法使用聚类典型数据来克服基于近似原像的简化方法在聚类模型上的缺陷，在此基础上结合数据分类的方法进一步提升算法的时间效率，并把该算法应用在图像分割的任务中。为了区别前面的 KFCM-I 和 KFCM-II 算法，新算法被称为 KFCM-III，该算法可以通过调整聚类典型数据的多样性来控制其与 KFCM-I 算法的逼近程度，因此 KFCM-I 算法可以看成是 KFCM-III 算法的多样性参数取最大值时的特例。所以 KFCM-III 算法更具普遍的意义，该算法在执行效果效率上也优于相关的算法。

6.2 基于聚类典型数据的快速核聚类算法

6.2.1 核距离平方展开式的简化

KFCM-I 算法认为核聚类中心应该表示为所有映射点的线性和，如式 (6.1) 所示，这是造成 KFCM-I 算法十分复杂的根本原因之一。如果假设核聚类中心可以很好地表示为部分映射点的线性和，则有可能加快算法速度。

本章称核聚类中心线性表达式中出现的这部分输入数据为该聚类的典型数据，典型数据组成的集合被称为典型集 (不同于数学上集合的概念，其中的数据是可以重复的)。记第 i 个聚类的典型集为 $\mathcal{Z}_i = \{z_{i,1}, \cdots, z_{i,N_i}\}$，集合含有 N_i 个元素，$\mathcal{Z}_i$ 中元素的选择可以用映射点的隶属度为依据。

当 $N_i = 1$ 时，$\mathcal{Z}_i$ 中只有一个元素 z_i，而此时 z_i^* 最自然的一个选择是该数据拥有相对第 i 个聚类的最高隶属度。换句话说，z_i^* 的映射点 $\Phi(z_i^*)$ 应该距 v_i^Φ 最近，即 $\|\Phi(z_i^*) - v_i^\Phi\| = \min_{z \in X} \|\Phi(z) - v_i^\Phi\|$。本章的聚类典型数据就是由距离核聚类中心 v_i^Φ 最近的 N_i 个映射点的原像组成，或者说针对其他数据而言，$\mathcal{Z}_i$ 中的数据拥有相对于第 i 个聚类的更高的隶属度。当 $N_i > 1$ 时，受式 (6.1) 和式 (6.2) 的启发，可令核聚类中心 v_i^Φ 表示为

$$v_i^\Phi = \sum_{j=1}^{N_i} \beta_{i,j} \Phi(z_{i,j}) \tag{6.3}$$

$$\beta_{i,j} = \left(\mu_i(z_{i,j})^m\right)^m \bigg/ \sum_{\ell=1}^{N_i} \left(\mu_i(z_{i,\ell})\right)^m \tag{6.4}$$

其中，$\mu_i(x)$ 表示数据 x 相对于第 i 个聚类的隶属度。

使用式 (6.3) 和 (6.4)，则式 (5.3) 中的距离平方展开式可以简化为

$$\begin{aligned}D_{i,k} &= \left\|\Phi(x_k) - v_i^\Phi\right\|^2 = \left\|\Phi(x_k) - \sum_{j=1}^{N_i} \beta_{i,j} \Phi(z_{i,j})\right\|^2 \\ &= 1 + \sum_{\ell,j=1}^{N_i} \beta_{i,j}\beta_{i,\ell} K(z_{i,\ell}, z_{i,j}) - 2\sum_{j=1}^{N_i} \beta_{i,j} K(x_k, z_{i,j})\end{aligned} \tag{6.5}$$

使用式 (6.5)，可以得到数据 x_k 的隶属度迭代公式如下：

$$\mu_{i,k} = \mu_i(x_k) = \frac{D_{i,k}^{-1/(m-1)}}{\sum_{j=1}^{C} D_{j,k}^{-1/(m-1)}}, \ (i,k) \in [C] \times [N] \tag{6.6}$$

本章称使用式 (6.3)~(6.6) 进行聚类的算法为 KFCM-III，该算法较之 KFCM-I 和 KFCM-II 算法具有更广泛的意义。当 $N_i = N$ 时 ($\forall i \in [C]$)，KFCM-III 算法即为 KFCM-I 算法，因此 KFCM-I 算法实际上是 KFCM-III 算法的聚类典型数据集取整个数据集 X 时的一个特例。

因为 $\sum_{j=1}^{N_i} \beta_{i,j} = 1$，故 $\sum_{\ell,j=1}^{N_i} \beta_{i,j}\beta_{i,\ell} = 1$。在这两个条件的限制下，可知当 $\mathcal{Z}_i$ 中数据分布致密的话，满足 $\forall z_{i,\ell}, z_{i,j} \in \mathcal{Z}_i$，则 $K(z_{i,\ell}, z_{i,j}) \approx 1$ 且 $K(x_k, z_{i,j}) \approx K(x_k, \hat{z}_i)$，其中 $\hat{z}_i$ 可以被认为是 $\mathcal{Z}_i$ 中的任一数据，此时还满足：

$$\sum_{\ell,j=1}^{N_i} \beta_{i,j}\beta_{i,\ell} K(z_{i,\ell}, z_{i,j}) \approx 1 \tag{6.7}$$

$$\sum_{j=1}^{N_i} \beta_{i,j} K(x_k, z_{i,j}) \approx K(x_k, \hat{z}_i) \tag{6.8}$$

将上面两式代入式 (6.5)，则类似于 KFCM-II 算法，式 (6.5) 可以改写如下：

$$D_{i,k} = \left\| \Phi(x_k) - v_i^\Phi \right\|^2 = 2\left(1 - K(x_k, \hat{z}_i)\right) \tag{6.9}$$

在这种条件下，KFCM-III 算法将拥有和 KFCM-II 算法类似的性能。由于 KFCM-II 算法在模型上具有一定的缺陷，KFCM-III 算法应该避免使 $\mathcal{Z}_i$ ($\forall i \in [C]$) 中的数据过于紧密，而应使其分布具有一定的多样性。从前面的讨论可以看出，KFCM-I 算法对应于 KFCM-III 算法的聚类典型数据的多样性最大的情形，因此 KFCM-I 算法和 KFCM-II 算法可以认为是 KFCM-III 算法的两个极端，这两种极端又分别对应着计算复杂度的剧增和聚类模型上的缺陷，因此 KFCM-III 算法可以在两种情况中取得某种平衡，使计算复杂度和聚类效果达到最佳。

另外需要指出的是，KFCM-I 算法虽然对应着聚类典型数据多样性最大的情形，但是由于数据可能被各种降质因素所污染，因此 KFCM-I 算法本身也未必对应着最佳的聚类效果，相反如果对聚类典型数据进行仔细筛选，反而可以起到某种滤波的效果，而相应的聚类中心也将是噪声不敏感的，从而可使聚类的结果更佳，这个性质在后面的实验中还将详细讨论。

6.2.2 KFCM-III 算法

根据上面的讨论，本章提出的 KFCM-III 算法可以归纳如下：

Algorithm 3 核聚类算法 KFCM-III
输入：输入向量 $x_1, \cdots, x_N \in \mathbb{R}^M$，聚类的个数 C，迭代收敛常数 $\epsilon > 0$.
输出：$\mathcal{C}_i \neq \varnothing, \forall i \in [C]$，满足 $\bigcup_{i=1}^{C} \mathcal{C}_i = \{x_1, \cdots, x_N\}$，并且 $\mathcal{C}_i \cap \mathcal{C}_j = \varnothing, \forall i \neq j$.
1: 初始化隶属度矩阵 $U = [\mu_{i,k}]_{C \times N}$.
2: **repeat**
3:    选择各聚类中隶属度最高的 N_i 个数据组成聚类的典型数据集 $\mathcal{Z}_i, \forall i \in [C]$.

4: 使用式 (6.4) 计算核聚类中心的系数向量 $\boldsymbol{\beta}_i = [\beta_{i,j}]_{1\times N_i}, \forall i \in [C]$.
5: 使用式 (6.5) 计算核距离平方表达式 $D_{i,k}, (i,k) \in [C] \times [N]$.
6: 使用式 (6.6) 计算聚类的隶属度矩阵 $\boldsymbol{U} = [\mu_{i,k}]_{C\times N}$.
7: **until** 隶属度矩阵收敛或者达到事先约定的最大迭代次数
8: 按照隶属度将输入向量 $\boldsymbol{x}_1, \cdots, \boldsymbol{x}_N$ 并入某一聚类，$\boldsymbol{x}_k \in \mathcal{C}_{i^*}$，其中 $i^* = \operatorname*{argmax}_{i} \mu_{i,k}$.
9: **return** 聚类结果 $\mathcal{C}_i, \forall i \in [C]$.

6.3 聚类典型数据的多样性和数据分类方法

如前所述，为了避免不必要的性能损失，应该在聚类的典型数据集中引入必要的多样性 (data diversity)。由于 KFCM-I 算法使用所有输入数据的加权和来表示核聚类中心，因而具有最大的聚类典型数据多样性，但是这又将不可以避免地带来计算复杂度量的激增，同时过高的数据多样性也未必对应着最好的聚类效果 (后面的实验中也将讨论这一点)。为了兼顾算法的性能和效率，我们使用第 5 章的输入数据分类的方法，并结合适当的数据多样性来进一步完善 KFCM-III 算法。

设输入数据 $X = \{\boldsymbol{x}_1, \cdots, \boldsymbol{x}_N\}$ 可以被划分为 M 类，且各类中数据均相同。记各个分类为 G_k，$(\forall k \in [M])$ 中的数据取值为 $\boldsymbol{x}(G_k)$，并记该类的元素数目为 $w(G_k)$。类似地把数据分类方法用在聚类的典型数据集中，可设 $\mathcal{Z}_i$ ($i \in [C]$) 被分为 $N(\mathcal{Z}_i)$ 个类，每个类记为 C_k^i ($\forall k \in [N(\mathcal{Z}_i)]$)，类 C_k^i 含有相同的数据，数据的取值为 $\boldsymbol{z}(C_k^i)$，而数据的个数为 $w(C_k^i)$。使用上面定义的符号，式 (6.3) 可以改写为

$$\boldsymbol{v}_i^{\varPhi} = \sum_{k=1}^{N(\mathcal{Z}_i)} \beta(C_k^i) \varPhi(\boldsymbol{z}(C_k^i)) \tag{6.10}$$

相应的式 (6.4) 可以改写为

$$\beta(C_k^i) = \frac{w(C_k^i)\mu_i^m(\boldsymbol{z}(C_k^i))}{\sum_{j=1}^{N(\mathcal{Z}_i)} w(C_j^i)\mu_i^m(\boldsymbol{z}(C_j^i))} \tag{6.11}$$

使用式 (6.10) 和式 (6.11)，则核距离平方展开式 (6.5) 可以进一步改写为

$$\begin{aligned} D_{i,k} &= \left\| \varPhi(\boldsymbol{x}(G_k)) - \boldsymbol{v}_i^{\varPhi} \right\|^2 \\ &= 1 + \sum_{\ell,j=1}^{N(\mathcal{Z}_i)} \beta(C_\ell^i)\beta(C_j^i) K(\boldsymbol{z}(C_\ell^i), \boldsymbol{z}(C_j^i)) - 2 \sum_{j=1}^{N(\mathcal{Z}_i)} \beta(C_j^i) K(\boldsymbol{x}_k, \boldsymbol{z}(C_j^i)) \end{aligned} \tag{6.12}$$

公式 (6.12) 使得隶属度矩阵的大小由 $C \times N$ 降为 $C \times M$，并且元素 $\boldsymbol{x}(G_k)$ 隶属于第 i 个

聚类的隶属度为

$$\mu_{i,k} = \mu(\boldsymbol{x}(G_k))\frac{D_{i,k}^{-1/(m-1)}}{\sum_{j=1}^{C} D_{j,k}^{-1/(m-1)}}, \forall (i,k) \in [C] \times [M] \tag{6.13}$$

用上面结合数据分类和典型数据的方法来表示核聚类中心，可使 KFCM-III 算法具有更好的灵活性。这种灵活性表现在即使 KFCM-III 算法用在输入数据只有很少重叠的场合 (此时数据分类的方法失效)，也可以通过调整数据多样性参数 $N(\mathcal{Z}_i)$ ($\forall i \in [C]$) 来平衡聚类算法的时间和性能的要求。

如前所述，KFCM-I 算法的计算复杂度为 $O(N^3CL)$。记 $N_{\mathcal{Z}} = \text{mean}_{i\in[C]} N(\mathcal{Z}_i)$ (如各聚类典型集均含有 $N_{\mathcal{Z}}$ 个不同的数据)，则 KFCM-III 算法的计算复杂度可以减小为 $O(N_{\mathcal{Z}}^2 MCL)$。对于图像分割这种任务而言，通常有 $N_{\mathcal{Z}} \ll M \ll N$，因此 KFCM-III 算法的计算时间将被大大缩短。

6.4 KFCM-III 算法中高斯核参数的估计

在 KFCM-III 算法中对参数 σ 的估计可以采用前面提到的方法。由于 KFCM-III 算法的最终性能依赖于式 (6.5)，因此高斯核的实际变量将为数据向量 $(\boldsymbol{x}_k, \boldsymbol{z})$，其中 $\boldsymbol{x}_k \in \boldsymbol{X}$，$\boldsymbol{z} \in \bigcup_{i=1}^{C} \mathcal{Z}_i$。因此对 $\boldsymbol{x}_k$ 与 $\boldsymbol{z}$ 的欧几里得距离的平方取算术平均，并令其为高斯核的拐点，可以得到

$$\sigma = \sqrt{2 \cdot \text{mean}_k \|\boldsymbol{x}_k - \boldsymbol{z}\|^2}, \ \forall \boldsymbol{x}_k \in \boldsymbol{X}, \forall \boldsymbol{z} \in \bigcup_{i=1}^{C} \mathcal{Z}_i \tag{6.14}$$

注意到 $\bigcup_{i=1}^{C} \mathcal{Z}_i$ 在迭代的过程中可能发生变换，因此类似于前面的 KFCM-2 算法中的 σ 估计，式 (6.14) 也要随着聚类迭代的进行而被更新。

当 KFCM-III 算法使用数据分类的方法来加速计算时，设 $Z = \bigcup_{i=1}^{C} \mathcal{Z}_i$ 可以被分为 $M_{\mathcal{Z}}$ 个类，记为 $C_k, \forall k \in [M_{\mathcal{Z}}]$，$C_k$ 中含有 $w(C_k)$ 个取值为 $\boldsymbol{z}(C_k)$ 的数据，则 σ 的估计式可以进一步表示为

$$\sigma = \left(\frac{2}{NN(\mathcal{Z})} \cdot \sum_{k=1}^{M}\sum_{j=1}^{M_{\mathcal{Z}}} w(G_k)w(G_j)\|\boldsymbol{x}(G_k) - \boldsymbol{z}(C_j)\|^2\right)^{1/2} \tag{6.15}$$

其中，$N = \sum_{k=1}^{M} w(G_k)$，$N(\mathcal{Z}) = \sum_{j=1}^{M_{\mathcal{Z}}} w(C_j)$ 分别表示数据集 $\boldsymbol{X}$ 和 $\mathcal{Z}$ 中数据的个数。

6.5 实验

6.5.1 在合成图像上实验

作为算法评价的第一步，首先对合成灰度图像进行实验。如前所述，就灰度图像的分割而言，图像的灰度信息和空间信息对聚类的最终结果都至关重要。而图像信息的提取与合并通常是在特征提取阶段完成的，可以从不同的角度用不同的策略来提取这些信息[38-42,66,136-142]，例如，可以在聚类目标公式中引入空间补偿项[38,40-41,66]或者在预处理阶段通过图像滤波来引入图像的空间信息[39,42]。无论怎样，在图像的分割任务中，引入恰当的空间信息通常都依赖于原始图像的先验知识或者后验估计，这通常也是一个比较复杂的过程，因此智能化的图像空间约束的方法值得进一步研究。

图像的空间约束要考虑像素邻域的取值的分布和影响，原则上并不属于核聚类的一部分。由于不同的聚类方法可以使用不同的空间约束，这可能会对公平地评估不同算法的聚类性能造成一定的影响。所以，不失聚类算法评估的有效性，本章使用下面的方法来引入图像的空间约束：

1: 对原始图像 I_0 进行预处理，得到邻域均值滤波图像 I_1 和中值滤波图像 I_2。
2: 使用聚类算法分别对 I_0、I_1 和 I_2 进行分割。
3: 在图像 I_k 的分割结果中，记像素 ε 的聚类标记为 $\pi_k(\varepsilon)$ ($k=0,1,2$)，若 $\pi_1(\varepsilon)=\pi_2(\varepsilon)$，则将 ε 的最终分割结果标记为 $\pi_i(\varepsilon)$，如果三个标记各不相同，则将 ε 标记为 $\pi_0(\varepsilon)$。

对上述的空间约束方法需要说明的是：均值滤波有助于消除连续噪声，而中值滤波则有利于保护高频信息，并除去离群点(如椒盐噪声)。但是由信息论可知，无论采用何种方式处理数据，都必然造成信息量的减少，所以我们也保留原始图像的分割结果，以作为最终分割结果的一个参考——例如在低噪声环境下，如果图像包含比较多的高频分量(如图像的边界等)，使用邻域滤波反而可能造成图像细节(高频信息)的丢失，这种高频信息的丢失可能对分割造成负面的影响，因此不宜直接使用滤波图像的分割结果作为最终结果，而只将其作为一个参考。

上面决定像素标记的策略类似于一个投票系统，即最终标记由原始图像、均值滤波图像和中值滤波图像中标记占多数者来决定。如果三者的像素标记各不相同，则最终结果由原始图像的标记来决定。同时由于得到了原始图像、均值滤波图像和中值滤波图像的分割结果，因此对三者分割结果的综合分析也有利于全面客观地评价各种算法的性能。

在本章的实验中，限定聚类目标公式的参数 $m=2$，并使用 3×3 邻域进行图像滤波。我们首先将 KFCM-II 和 KFCM-III 算法用于分割一个 8 比特灰度的合成图像。降质因素为零均值的高斯噪声，其方差为最大灰度的 1%。图6.1给出了该图像的分割结果和相关的中间结果，其中图6.1(a) 为原始图像，大小为 64×64 像素，图像左右两部分的灰度未被污染前分别为 0 和 90。图6.1(b) 为使用 KFCM-II 算法直接分割原始图像的结果，图6.1(c) 为使用 KFCM-III 算法在原始图像上得到的结果。注意图6.1(b)~(c) 都没有使用图像的空间约束，聚类的输入数据为像素的灰度。

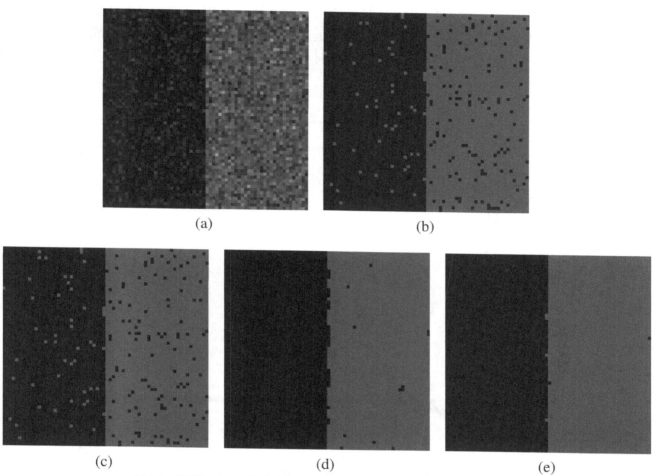

图 6.1 使用 KFCM-II 算法和 KFCM-III 算法在合成图像上的分割结果
(a) 原始图像；(b) KFCM-II 算法直接对原始图像分割的结果；
(c) KFCM-III 算法直接对原始图像分割的结果；(d) 空间约束的
KFCM-II 算法的分割结果；(e) 空间约束的 KFCM-III 算法的分割结果

在使用 KFCM-III 算法对原始图像分割的过程中，首先设置聚类典型数据的多样性为最大，即 $N(\mathcal{Z}_i), \forall i = 1, 2$。在这种前提下 KFCM-III 算法和 KFCM-I 算法等价——此时 KFCM-III 算法即 KFCM-I 算法使用输入数据分类方法的快速版本。由图6.1(b)-(c) 所示的结果可以看出 KFCM-III (也即 KFCM-I) 算法的分割结果优于 KFCM-II 算法。

图6.1(d) 的结果由 KFCM-II 算法结合前面所提出的空间约束而得到。图6.1(e) 为空间约束的 KFCM-III 算法的分割结果。在图6.1(e) 所示的实验中，多样性参数被设置为 $N(\mathcal{Z}_i) = 16, \forall i = 1, 2$。从图6.1(b)~(c) 和图6.1(d)~(e) 所示结果的比较可以看出图像的空间约束可以显著地提高算法的分割性能。由图6.1(d)~(e) 的结果也可以看到 KFCM-III 算法的结果优于 KFCM-II 算法的结果。

为了讨论上的方便，在本章的分割实验中设定各聚类典型集的多样性参数都相同，并记为 $D(\mathcal{Z})$，即 $N(\mathcal{Z}_1) = \cdots = N(\mathcal{Z}_C) = D(\mathcal{Z})$。图6.2给出了在图6.1所示的实验中使用空间约束的 KFCM-III 算法得到的定量指标(误分的像素数目)。由高斯核的参数估计方法可知，σ 应该在 140 进行取值，而实验表明在一个包含该估计值的比较宽的区间内 (如 $50 \leqslant \sigma \leqslant 500$)，算法对 σ 的取值不敏感。我们认为这可能是使用空间约束的原因，空间约束在很大程度上弥补了算法性对 σ 取值的敏感性。而当 σ 的取值远远偏离上述区间时，聚类的性能会大幅度地下降。图6.2给出了当 σ 分别取 60、100 和 140 时分割指标的三条曲线。当 σ 取其他值时，由于曲线类似，在图中就不再示出了。

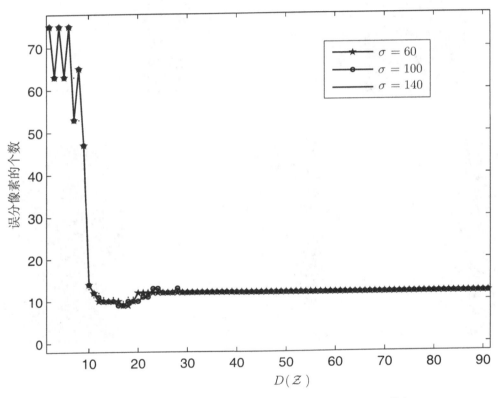

图 6.2 KFCM-III 算法使用不同参数 $D(\mathcal{Z})$ 时得到的分割指标

图6.2的结果也说明了 $D(\mathcal{Z})$ 取最大值时也未必对应着最好的分割结果。从图6.2中可以看出存在一个较优的 $D(\mathcal{Z})$ 参数区间 (如 $10 < D(\mathcal{Z}) < 20$)，而在这个区间外则不能得到最好的分割结果。当 $D(\mathcal{Z})$ 取较小值时，分割性能的振荡很大，而 $D(\mathcal{Z})$ 取较大值时，分割性能趋于稳定 (接近于 KFCM-I 算法)。正如前面的讨论一样，$D(\mathcal{Z})$ 取值越大，则计算量也越大 (此时 KFCM-III 算法的性能类似于 KFCM-I 算法)，而 $D(\mathcal{Z})$ 越小，则各聚类的典型集也越紧密 (此时 KFCM-III 算法的性能类似于 KFCM-II 算法)。为兼顾计算量和聚类性能，$D(\mathcal{Z})$ 需要取适当的数值，因此在后面的实验中，未做特别说明，均取 $D(\mathcal{Z}) = 20$。

图6.3给出了当 $D(\mathcal{Z})$ 取较小值时，KFCM-III 算法的分割指标随高斯核参数 σ 变化的曲线，图中给出了当 $D(\mathcal{Z})$ 取不同数值时的三条曲线。可以看出当 $D(\mathcal{Z}) = 2$ 或 3 时，聚类性能不够稳定 (和 KFCM-II 算法类似)，所得结果对聚类的初始化 (例如 σ 的初始估计) 是敏感的，

而当 $D(\mathcal{Z}) = 20$ 时，聚类的性能变化稳定，曲线随 σ 的不同取值变化不大。

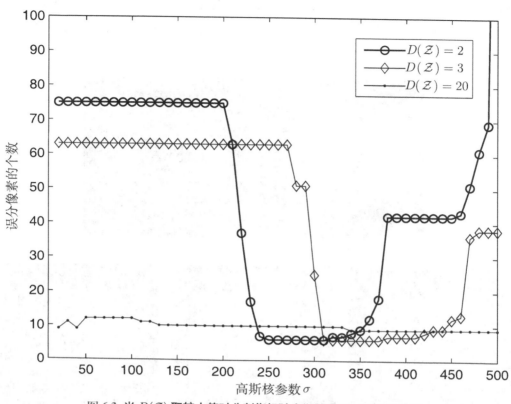

图 6.3 当 $D(\mathcal{Z})$ 取较小值时分割指标随高斯核参数 σ 变化的曲线

6.5.2 对 Brain MRI Phantom 数据的实验

作为评估 KFCM-III 算法和相关算法性能的第二步，我们仍对 MRI Phantom 数据进行实验，实验包括对二维数据和三维数据的分割。

6.5.2.1 对二维 MRI Phantom 切片的实验

在分割二维 MRI Phantom 切片的实验中，分别使用了 T1 加权的冠状和轴向切片，切片的解析度为 $1\,\text{mm}^2$，并被 9% 的噪声和 40% 的有偏场所污染。冠状切片的大小为 181×181 像素，轴向切片的大小为 217×181 像素。实验的目标是将感兴趣的区域分割为白质 (WM)、灰质 (GM) 和脑脊液 (CSF) 三个部位，而其他不相干的区域在分割前已经用其他方法去除掉了。

图 6.4 和图 6.5 分别给出了 KFCM-III 算法在冠状/轴向切片上的分割结果。分割结果分别为给定算法在原始图像、均值滤波图像和中值滤波图像上的结果，并给出了相关的使用空间约

束的分割结果。实验表明，在高噪声环境下，使用空间约束可以得到更加准确的分割结果，并且快速 KFCM-III 算法的运行时间要远小于 KFCM-II 算法的运行时间，而 KFCM-I 算法对于这样的分割任务执行时间更长，以至于不能在合理的时间内得到分割结果，关于运行时间的比较后面还会详细讨论。

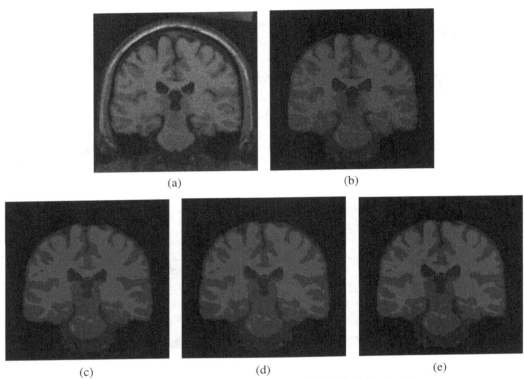

图 6.4 使用 KFCM-III 算法在一帧冠状切片上的分割结果
(a) 原始图像；(b) KFCM-III 算法对原始图像分割的结果；(c) KFCM-III 算法对均值滤波图像分割的结果；(d) KFCM-III 算法对中值滤波图像分割的结果；(e) KFCM-III 算法使用空间约束得到的分割结果

6.5.2.2 对三维 MRI Phantom 图像的实验

本节还使用了 KFCM-II 和 KFCM-II 算法对 T1 加权的三维 MRI Phantom 图像进行了分割实验。图像的三维尺寸为 $217 \times 181 \times 181$ 像素，成像解析度为 $1\ \text{mm}^3$，分割的目标是将相应的三维区域分割为白质、灰质和脑脊液三个部分。

表6.1给出了用 KFCM-II 和 KFCM-III 算法进行实验的一个典型分割结果。实验的数据分别被不同的灰度不均匀场 (分别为 0%，20% 和 40%) 和 9% 的噪声所影响。使用 KFCM-III 算法进行实验时，聚类典型集的多样性参数都设定为 $D(\mathcal{Z}) = 30$。

表6.1的标记 C_1 表示算法在原始数据上的分割准确度，标记 C_2 表示在均值滤波图像上的分割准确度，标记 C_3 则表示在中值滤波图像上的分割准确度，而标记 F 则表示使用空间约束的最终结果。表格的指标支持了 KFCM-III 算法优于 KFCM-II 算法的结论。

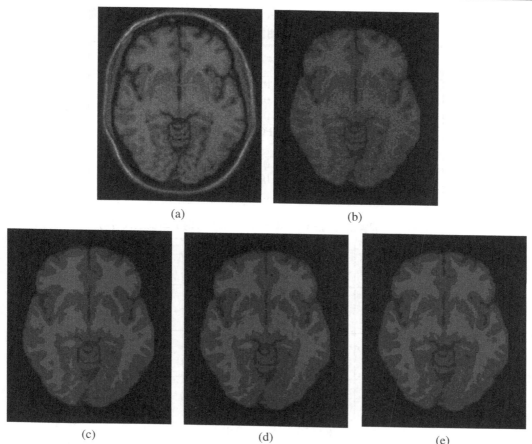

图 6.5 使用 KFCM-III 算法在一帧轴向切片上的分割结果
(a) 原始图像；(b) KFCM-III 算法对原始图像分割的结果；(c) KFCM-III 算法对均值滤波图像分割的结果；(d) KFCM-III 算法对中值滤波图像分割的结果；(e) KFCM-III 算法使用空间约束的分割结果

6.5.3 运行时间的比较

本节给出在不同噪声环境下，使用各种算法对三维 MRI Phantom 图像进行分割的运行时间。在实验数据中感兴趣部分的像素大概有 2 000 000 左右，因此直接使用非加速版本的 KFCM-I 算法通常计算复杂度极高，而 KFCM-II 和 KFCM-III 可以降低这种计算复杂度。

实验表明 KFCM-II 算法在执行这样的三维分割任务时需要花费大量的时间，而快速 KFCM-III 算法 (使用了数据分类和聚类典型数据) 的执行时间要远远小于 KFCM-II 算法的执行时间。

表6.2给出了在进行三维数据分割时，不同的算法在一次聚类迭代中所用的时间，其中对于 KFCM-II 算法，则分别给出了 $D(\mathcal{Z}) = 30$ 为和最大值时 (即 $D(\mathcal{Z})$) 的运行时间。需要指出的是当 $D(\mathcal{Z}) = M$，KFCM-III 算法的运行时间实际上也是加速后的 KFCM-I 算法 (即使用数据分类方法进行加速) 的运行时间。

表6.2给出的数据是一次聚类迭代的平均时间，而不包括聚类的初始化和完成数据分类所花费的时间。

表 6.1　在不同噪声环境下使用 KFCM-II 和 KFCM-III 算法对三维脑部 MRI Phantom 图像分割的准确度

有偏差	KFCM-II			
	C_1	C_2	C_3	F
0%	0.858 4	0.921 2	0.922 6	0.922 6
20%	0.859 8	0.859 8	0.905 7	0.905 7
40%	0.838 2	0.862 0	0.868 8	0.868 8
有偏差	KFCM-III, $D(\mathcal{Z})=30$			
	C_1	C_2	C_3	F
0%	0.862 2	0.909 5	0.920 0	0.922 9
20%	0.862 3	0.897 5	0.905 9	0.908 8
40%	0.840 5	0.862 3	0.871 2	0.872 3

表 6.2　不同算法分割三维 MRI Brain Phantom 时的单次迭代时间

| 噪声环境 | 有偏场 | 时间 | | | M |
		KFCM-II	KFCM-III $D(\mathcal{Z})=30$	KFCM-III $D(\mathcal{Z})=M$	
1%	0%	32.495	0.01	0.222	138
	20%	32.448	0.011	0.222	139
	40%	32.572	0.011	0.228	140
3%	0%	32.385	0.011	0.258	146
	20%	32.370	0.012	0.274	149
	40%	32.401	0.012	0.296	153
5%	0%	32.635	0.012	0.340	160
	20%	32.494	0.012	0.327	158
	40%	32.432	0.013	0.346	161
7%	0%	32.370	0.013	0.413	171
	20%	32.463	0.014	0.453	176
	40%	32.464	0.013	0.401	169
9%	0%	32.386	0.014	0.458	177
	20%	32.463	0.013	0.468	178
	40%	32.448	0.014	0.454	176

由表中的数据可以看出 KFCM-II 算法的运行时间要远大于 KFCM-III 算法的运行时间。当 $D(\mathcal{Z})=M$ 时，KFCM-III 算法的运行时间最长，当 $D(\mathcal{Z})$ 较小时，KFCM-III 算法的执行时间受 M 取值的影响不大。

图 6.6 给出了 KFCM-III 算法对不同的 $D(\mathcal{Z})$ 取值时的单次迭代时间。如图 6.6 所示，KFCM-III 算法的运行时间大致为参数 $D(\mathcal{Z})$ 的二次函数。这也和前面的计算复杂度量分析所得到的 $O(N_{\mathcal{Z}}^2 MCL)$ 是相符的，此时，满足 $D(\mathcal{Z})=N_{\mathcal{Z}}$。

从图 6.6 和表 6.2 给出的数据都可以看出，即使 $D(\mathcal{Z})=M$，单次迭代的时间也不超过 0.5 s，因此 KFCM-III 算法在时间效率上也非常适合这种分割任务。

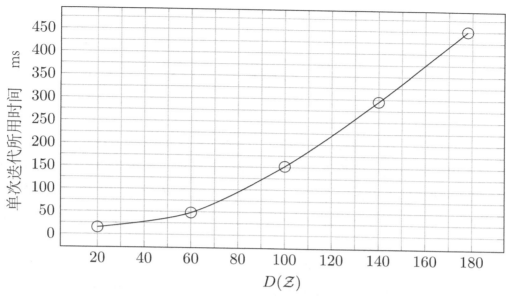

图 6.6 KFCM-III 算法在不同 $D(\mathcal{Z})$ 取值时的单次迭代时间

6.6 本章小结

本章提出一种被称为 KFCM-III 的快速模糊核聚类算法并将其用于分割 MRI 图像。该算法使用聚类典型数据的概念和数据分类的方法来对来加速聚类的过程。与 KFCM-II 算法使用的近似原像的聚类模型不同，KFCM-III 算法使用典型数据的策略来逼近 KFCM-I 算法。KFCM-III 算法逼近 KFCM-I 算法的程度可以通过调整其聚类典型数据的多样性来完成。当数据的多样性最大时，则快速 KFCM-III 算法实际上也是 KFCM-I 算法的使用数据分类的快速版本。可以通过选择合适的聚类典型数据来平衡 KFCM-III 的时间效率和聚类性能，这种特性也可以弥补使用核聚类中心的近似原像的方法在聚类模型上的缺陷 (如 KFCM-II 算法)。

对 MRI 图像的实验表明，使用 KFCM-III 算法可以显著地降低运行时间，因此该算法在聚类模型和时间效率上都具有潜在的优势。由于图像空间信息的提取在本质上并不是核聚类的一部分，因此在本章的实验中只采用了一个简单的空间约束策略以方便对相关算法的评估。KFCM-III 算法的复杂度约为 $O(N_{\mathcal{Z}}^2 MCL)$，与 KFCM-I 算法的复杂度 $O(N^3 CL)$ 相比则大为减小，并且复杂度参数通常满足 $N_{\mathcal{Z}} < M \ll N$，其中 C 为聚类的数目，L 为迭代次数。

7 结论与展望

在各种医学检查中，基于影像的诊断作为一种非侵入性的检查在临床诊断和治疗计划中发挥着积极的作用。随着临床图像在分辨率和数量上激增，使用信息技术自动地描绘人体解剖结构已经成为一种必然。在此背景下，本书研究了基于核学习的理论和相关算法，提出了相应的核聚类算法，将其应用在脑部 MRI 图像的分割中，并取得了良好的效果。本书主要的研究工作如下：

证明了 KFCM-II 算法的聚类中心是 KFCM-I 算法聚类中心在原始空间的近似原像。KFCM-I 算法通过核映射，隐式地将输入数据映射到高维特征空间中，其核聚类中心实际上是各个映射点的加权和，由于映射空间和原数据空间并不是同构的，因此其核聚类中心在原始空间中并不存在原像。而 KFCM-II 算法通过将其聚类中心的映射点代替 KFCM-I 算法的聚类中心，从而简化了聚类的计算复杂度。本书证明了 KFCM-II 算法通过拉格朗日法得到的聚类中心实际上是 KFCM-I 算法的聚类中心在原始空间的近似原像，在此基础上还讨论了 KFCM-II 算法的初始估计问题，并对相应的计算量进行了分析。

在 KFCM-II 算法的基础上，本书还研究了基于 MRF 场理论构造的图像空间约束，及其在 KFCM-II 算法中应用。采用 MRF 模型构造了图像标记的先验势能，将其应用在核聚类算法的空间补偿项中，并提出了高斯核参数 σ 和 Gibbs 分布参数 β 的估计方法。该算法改善了原有的分割模型，可以得到更加光滑的图像分割结果。

另外在 KFCM-I 算法的基础上提出了一种快速核聚类算法 (SFKFCM 算法)，并在聚类的过程中对图像中的灰度有偏场进行估计。该算法首先假设在不相似测度 (核距离) 的平方展开式中，用以表示输入数据自身紧密度的指标可用一个常数表示，从而简化了该展开式中计算最为复杂的部分，该算法还使用了数据分类的方法来进一步加快聚类的速度，另外在迭代的过程中，还是利用了聚类的中间结果对灰度有偏场进行了估计，矫正后的图像可以使数据的分类数再次减少，从而使后续的迭代进一步加快。由于该算法进行了图像的灰度偏移矫正，因而也有利于得到更加准确的分割结果。

如果使用少量的典型数据来表示聚类中心，则可以从另外一个角度简化核聚类算法。聚类典型数据在被定义为该类中的隶属度最高的一批数据，新算法的核聚类中心可以用该聚类的典型数据的映射点进行线性表示。新算法 (KFCM-III 算法) 具有更广泛的意义——当典型数据取整个数据集时，该算法转换为 KFCM-I 算法，所以 KFCM-I 算法实际上是 KFCM-III 算法的一个特例。相关实验表明当聚类的典型集仅含较少的数据时，该算法的聚类效果和 KFCM-II 算法非常相似，当 KFCM-III 算法要得到更好的聚类效果时，可以通过调整聚类典型数据的多样性来实现。另外数据分类的方法也可以应用在该算法中，结合聚类典型数据和输入数据分类的方法，KFCM-III 算法无论在时间效率上还是在聚类效果上都具有优势，因此可以用来更有效地分割被噪声和灰度有偏场影响的图像。

本书提出的模型和算法都经过了大量对合成图像、MRI Brain Phantom 和真实的临床图像的实验验证，并取得良好的效果。今后值得进一步研究的工作主要集中在以下几个方面：

(1) 由于核空间和原始空间不一定同构，因此在核空间中进行的聚类算法可能存在缺陷，在使用高斯核的情况下，这种不同构的缺陷可以通过选择适合高斯核参数 σ 在一定程度上弥补，并且存在这样的可能性——对于不同的聚类结构使用不同的参数取值，在这种情况下核聚类算法与基于高斯混合模型的 EM 算法有十分相似的地方。本质上基于高斯混合模型的 EM 算法也是一种基于目标公式的聚类算法，并在贝叶斯准则下通过期望值最大化来实现，EM 算法中高斯分布的均值可以解释为聚类中心，而高斯分布的方差则与核聚类算法中的参数 σ 有着自然的联系，因此 EM 算法的思路可以被借鉴用来改进核聚类算法，改变对整个图像域取单一 σ 的做法，从而实现非齐次核聚类。

(2) 在 KFCM-III 算法中，也可以用聚类的中间结果对灰度不均匀性进行纠正，正如第 5 章提到的灰度不均匀性的估计方法一样，此时灰度不均匀性的估计应该是聚类典型数据的函数，并在后面的迭代中进一步减小数据的分类数，从而起到加快 KFCM-III 算法速度的目的，这个工作也值得进一步研究。

(3) 在 KFCM-III 算法中，对聚类典型数据的选择还可以进行更加深入的研究。本书介绍的方法选择了一批隶属度最大的数据作为各聚类的典型数据，然而在聚类过程中如果没有对输入数据 (图像) 进行有效的降噪处理 (或提取有效的空间约束) 的话，隶属度并不能完全反映出数据的模糊性，因而可以尝试采用主元素分析 (principal component analysis) 的方法来进行聚类典型数据的选择，针对 KFCM-III 这样核聚类算法，还可以采用核主元素分析 (kernel-based principal component analysis, KPCA) 算法进行主成分 (对应于上面提出的聚类典型数据) 的选择。KPCA 算法已经成功地应用在典型数据的提取和数据的降噪中，因此对于结合 KPCA 算法来提高 KFCM-III 算法的性能值得进一步的研究。

(4) 另外，本书的不少实验都是针对二维图像进行分割的，快速核聚类算法的应用使得对三维图像的分割成为可能，因此可以把本书的部分算法扩展到更多的三维应用中，也是今后的一个重要工作。

参考文献

[1] 田捷, 韩博闻, 王岩, 等. 模糊 C 均值聚类法在医学图像分析中的应用 [J]. 软件学报, 2001, 12(11): 1623-1629.

[2] UDUPA J K, SAMARASEKERA S. Fuzzy connectedness and object definition: theory, algorithms, and applications in image segmentation[J]. Graphical Models and Image Processing, 1996, 58(3): 246-261.

[3] KWAN R K S, EVANS A C, PIKE G B. An extensible MRI simulator for post-processing evaluation[C]//International Conference on Visualization in Biomedical Computing. [s.l. : s.n.], 1996: 135-140.

[4] COCOSCO C A, KOLLOKIAN V, KWAN R K S, et al. Brainweb: Online interface to a 3D MRI simulated brain database[C]//NeuroImage. [s.l. : s.n.].

[5] COLLINSDL, ZIJDENBOSAP, KOLLOKIANV, et al. Design and construction of a realistic digital brain phantom[J]. IEEE Transactions on Medical Imaging, 1998, 17(3): 463-468.

[6] 章毓晋. 图像工程 [M]. 北京: 清华大学出版社, 2005.

[7] 林亚忠. 基于 Gibbs 随机场模型的医学图像分割新算法研究 [D]. 广州: 第一军医大学, 2004.

[8] ZHUGE Y, UDUPA J K, SAHA P K. Vectorial scale-based fuzzy-connected image segmentation[J]. Computer Vision and Image Understanding, 2006, 101(3): 177-193.

[9] 杨润玲, 高新波. 基于加权模糊 C 均值聚类的快速图像自动分割算法 [J]. 中国图象图形学报, 2007, 12(12): 2105-2112.

[10] 高新波, 李洁, 姬红兵. 基于加权模糊 C 均值聚类与统计检验指导的多阈值图像自动分割算法 [J]. 电子学报, 2004, 32(4): 661-664.

[11] ZHENG Y, YANG J, ZHOU Y, et al. Color-texture based unsupervised segmentation using JSEG with fuzzy connectedness[J]. Journal of Systems Engineering and Electronics, 2006, 17(1): 213-219.

[12] PAN J S, MCINNES F R, JACK M A. Fast clustering algorithms for vector quantization[J]. Pattern Recognition, 1996, 29(3): 511-518.

[13] BEZDEK J, HALL L, CLARK M, et al. Medical image analysis with fuzzy models[J]. Statistical Methods in Medical Research, 1997, 6(3): 191-214.

[14] SIYAL M Y, YU L. An intelligent modified fuzzy C-means based algorithmfor bias estimation and segmentation of brain MRI[J]. Pattern Recognition Letters, 2005, 26(13): 2052-2062.

[15] LIU J, UDUPA J K, ODHNER D, et al. A system for brain tumor volume estimation via MR imaging and fuzzy connectedness[J]. Computerized Medical Imaging and Graphics, 2005, 29(1): 21-34.

[16] CHAIRA T, RAY A K. Threshold selection using fuzzy set theory[J]. Pattern Recognition Letters, 2004, 25(8): 865-874.

[17] LI B, LIN T S, LIAO L, et al. Genetic algorithm based on multipopulation competitive co-evolution[C]//2008 IEEE Congress on Evolutionary Computation (IEEE World Congress on Computational Intelligence). [s.l. : s.n.], 2008: 225-228.

[18] PAKHIRA M K, BANDYOPADHYAY S, MAULIK U. A study of some fuzzy cluster validity indices, genetic clustering and application to pixel classi?cation[J]. Fuzzy Sets and Systems, 155(2): 191-214.

[19] LIU Y, CHEN K, LIAO X, et al. A genetic clustering method for intrusion detection[J]. Pattern Recognition, 2004, 37(5): 927-942.

[20] LI C T, CHIAO R. Multiresolution genetic clustering algorithm for texture segmentation[J]. Image and Vision Computing, 2003, 21(11): 955-966.

[21] XU X, JÄGER J, KRIEGEL H P. A fast parallel clustering algorithm for large spatial databases[G]//High performance data mining. [s.l. : s.n.], 1999: 263-290.

[22] CHUANG K S, TZENG H L, CHEN S, et al. Fuzzy C-means clustering with spatial information for image segmentation[J]. Computerized Medical Imaging and Graphics, 2006, 30(1): 9-15.

[23] HE L, GREENSHIELDS I R. An MRF spatial fuzzy clustering method for fMRI SPMs[J]. Biomedical Signal Processing and Control, 2008, 3(4): 327-333.

[24] WANG Y, TEOH E K. Dynamic B-snake model for complex objects segmentation[J]. Image and Vision Computing, 2005, 23(12): 1029-1040.

[25] HOU Z, HAN C. Force field analysis snake: an improved parametric active contour model[J]. Pattern Recognition Letters, 2005, 26(5): 513-526.

[26] WEI M, ZHOU Y, WAN M. A fast snake model based on non-linear di?usion for medical image segmentation[J]. Computerized Medical Imaging and Graphics, 2004, 28(3): 109-117.

[27] GIRALDI G, STRAUSS E, OLIVEIRA A. Dual-T-Snakes model for medical imaging segmentation[J]. Pattern Recognition Letters, 2003, 24(7): 993-1003.

[28] KASS M, WITKIN A, TERZOPOULOS D. Snakes: Active contour models[J]. International Journal of Computer Vision, 1988, 1(4): 321-331.

[29] XU C, PRINCE J L. Snakes, shapes, and gradient vector flow[J]. IEEE Transactions on Image Processing, 1998, 7(3): 359-369.

[30] BESAG J. Spatial interaction and the statistical analysis of lattice systems[J]. Journal of the Royal Statistical Society: Series B (Methodological), 1974, 36(2): 192-225.

[31] CROSS G R, JAIN A K. Markov random field texture models[J]. IEEE Transactions on Pattern Analysis and Machine Intelligence, 1983(1): 25-39.

[32] Geman S, Geman D. Stochastic relaxation, Gibbs distributions, and the Bayesian restoration of images[J]. IEEE Transactions on Pattern Analysis and Machine Intelligence, 1984(6): 721-741.

[33] MULLER K R, MIKA S, RATSCH G, et al. An introduction to kernel-based learning algorithms[J]. IEEE Transactions on Neural Networks, 2001, 12(2): 181-201.

[34] AUBERT-BROCHE B, EVANS A C, COLLINS L. A new improved version of the realistic digital brain phantom[J]. NeuroImage, 2006, 32(1): 138-145.

[35] LLOYD S. Least squares quantization in PCM[J]. IEEE Transactions on Information Theory, 1982, 28(2): 129-137.

[36] HUNGWL, YANGMS, CHEN D H. Parameter selection for suppressed fuzzy C-means with an application to MRI segmentation[J]. Pattern Recognition Letters, 2006, 27(5): 424-438.

[37] THEODORIDIS S, PIKRAKIS A, KOUTROUMBAS K, et al. Introduction to pattern recognition: a MATLAB approach[M]. [s.l.]: Academic Press, 2010.

[38] CHEN S, ZHANG D. Robust image segmentation using FCM with spatial constraints based on new kernel-induced distance measure[J]. IEEE Transactions on Systems, Man, and Cybernetics, Part B (Cybernetics), 2004, 34(4): 1907-1916.

[39] LIAO L, LIN T, LI B. MRI brain image segmentation and bias field correction based on fast spatially constrained kernel clustering approach[J]. Pattern Recognition Letters, 2008, 29(10): 1580-1588.

[40] LIAO L, LIN T S. A fast spatial constrained fuzzy kernel clustering algorithm for MRI brain image segmentation[C]//2007 International Conference on Wavelet Analysis and Pattern Recognition: vol. 1. [s.l. : s.n.], 2007: 82-87.

[41] LIAO L, LIN T. MR brain image segmentation based on kernelized fuzzy clustering using fuzzy Gibbs random field model[C]//2007 IEEE/ICME International Conference on Complex Medical Engineering. [s.l. : s.n.], 2007: 529-535.

[42] CAI W, CHEN S, ZHANG D. Fast and robust fuzzy C-means clustering algorithms incorporating local information for image segmentation[J]. Pattern Recognition, 2007, 40(3): 825-838.

[43] LIEW A W C, YAN H. An adaptive spatial fuzzy clustering algorithm for 3-D MR image segmentation[J]. IEEE Transactions on Medical Imaging, 2003, 22(9): 1063-1075.

[44] PHAMD L. Fuzzy clustering with spatial constraints[C]//Proceedings. International Conference on Image Processing: vol. 2. [s.l. : s.n.], 2002: II-II.

[45] PHAMD L. Spatial models for fuzzy clustering[J]. Computer vision and image understanding, 2001, 84(2): 285-297

[46] 张莉, 周伟达, 焦李成. 核聚类算法 [J]. 计算机学报, 2002, 25(6): 4.

[47] DU W, INOUE K, URAHAMA K. Robust kernel fuzzy clustering[C]//International Conference on Fuzzy Systems and Knowledge Discovery. [s.l. : s.n.], 2005: 454-461.

[48] GIROLAMI M. Mercer kernel-based clustering in feature space[J]. IEEE Transactions on Neural Networks, 2002, 13(3): 780-784.

[49] MIYAMOTO S. Fuzzy C-means clustering using kernel functions in support vector machines[J]. Journal of Advanced Computational Intelligence and Intelligent Informatics, 2003, 7(1): 25-30.

[50] CHIANG J H, HAO P Y. A new kernel-based fuzzy clustering approach: support vector clustering with cell growing[J]. IEEE Transactions on Fuzzy Systems, 2003, 11(4): 518-527.

[51] VAPNIK V, BEN-HUR A, HORN D, et al. A Support Vector Method for Hierarchical Clustering[J]. Advances in Neural Information Processing Systems, 2001, 13: 367-273.

[52] 吕常魁, 姜澄宇, 王宁生. 一种支持向量聚类的快速算法 [J]. 华南理工大学学报: 自然科学版, 2005, 33(1): 6-9.

[53] COUTO J. Kernel k-means for categorical data[C]//International Symposium on Intelligent Data Analysis. [s.l. : s.n.], 2005: 46-56.

[54] SAN O M, HUYNH V N, NAKAMORI Y. An alternative extension of the k-means algorithm for clustering categorical data[J]. International Journal of Applied Mathematics and Computer science, 2004, 14(2): 241-247.

[55] CAMASTRA F, VERRI A. A novel kernel method for clustering[J]. IEEE Transactions on Pattern Analysis and Machine Intelligence, 2005, 27(5): 801-805.

[56] BEN-HUR A, HORN D, SIEGELMANN H T, et al. A support vector clustering method[C]//Proceedings 15th International Conference on Pattern Recognition. ICPR-2000: vol. 2. [s.l. : s.n.], 2000: 724-727.

[57] PHAM D L, PRINCE J L. Adaptive fuzzy segmentation of magnetic resonance images[J]. IEEE Transactions on Medical Imaging, 1999, 18(9): 737-752.

[58] PHAM D L, PRINCE J L. An adaptive fuzzy C-means algorithm for image segmentation in the presence of intensity inhomogeneities[J]. Pattern Recognition Letters, 1999, 20(1): 57-68.

[59] KRISHNAPURAM R, KELLER J M. A possibilistic approach to clustering[J]. IEEE Transactions on Fuzzy Systems, 1993, 1(2): 98-110.

[60] SCHÖLKOPF B, KNIRSCH P, SMOLA A, et al. Fast approximation of support vector kernel expansions, and an interpretation of clustering as approximation in feature spaces[C]//Mustererkennung 1998. [s.l.]: Springer, 1998: 125-132.

[61] 张莉, 周伟达, 焦李成. 尺度核函数支撑矢量机 [J]. 电子学报, 2002, 30(4): 527-529.

[62] SÁNCHEZ A V D. Advanced support vector machines and kernel methods[J]. Neurocomputing, 2003, 55(1-2): 5-20.

[63] ALI S, SMITH-MILES K A. A meta-learning approach to automatic kernel selection for support vector machines[J]. Neurocomputing, 2006, 70(1-3): 173-186.

[64] CRISTIANINI N, CAMPBELL C, SHAWE-TAYLOR J. Dynamically adapting kernels in support vector machines[J]. Advances in Neural Information Processing Systems, 1998, 11.

[65] MIZUTANI K, MIYAMOTO S. Possibilistic approach to kernel-based fuzzy C-means clustering with entropy regularization[C]//International Conference on Modeling Decisions for Artificial Intelligence. [s.l. : s.n.], 2005: 144-155.

[66] ZHANG D Q, CHEN S C. A novel kernelized fuzzy C-means algorithm with application in medical image segmentation[J]. Arti?cial Intelligence in Medicine, 2004, 32(1): 37-50.

[67] 张道强. 基于核的联想记忆及聚类算法的研究与应用 [D]. 南京航空航天大学, 2004.

[68] ZHANG D Q, CHEN S C. Clustering incomplete data using kernel-based fuzzy C-means algorithm[J]. Neural Processing Letters, 2003, 18(3): 155-162.

[69] KIM D W, LEE K Y, LEE D, et al. Evaluation of the performance of clustering algorithms in kernel-induced feature space[J]. Pattern Recognition, 2005, 38(4): 607-611.

[70] KIM D W, LEE K, LEE D, et al. A kernel-based subtractive clustering method[J]. Pattern Recognition Letters, 2005, 26(7): 879-891.

[71] ZHANG D Q, CHEN S C. Kernel-based fuzzy and possibilistic C-means clustering[C]// Proceedings of the International Conference Artificial Neural Network: vol. 122. [s.l. : s.n.], 2003: 122-125.

[72] RATHI Y, DAMBREVILLE S, TANNENBAUM A. Statistical shape analysis using kernel PCA[C]//Image Processing: Algorithms and Systems, Neural Networks, and Machine Learning: vol. 6064. [s.l. : s.n.], 2006: 425-432.

[73] SCHÖLKOPF B, SMOLA A, MüLLER K R. Nonlinear component analysis as a kernel eigenvalue problem[J]. Neural Computation, 1998, 10(5): 1299-1319.

[74] SCHÖLKOPF B, MIKA S, SMOLA A, et al. Kernel PCA pattern reconstruction via approximate pre-images[C]//International Conference on Artificial Neural Networks. [s.l. : s.n.], 1998: 147-152.

[75] CRISTIANINI N, SHAWE-TAYLOR J, et al. An introduction to support vector machines and other kernel-based learning methods[M]. [s.l.]: Cambridge university press, 2000.

[76] MIKA S, RATSCH G, WESTON J, et al. Fisher discriminant analysis with kernels[C]// Neural networks for signal processing IX: Proceedings of the 1999 IEEE Signal Processing Society Workshop (cat. no. 98th8468). [s.l.]: IEEE, 1999: 41-48.

[77] ROTH V STEINHAGE V. Nonlinear discriminant analysis using kernel functions. Advances in Neural Information Processing Systems, 1999, 12.

[78] BAUDAT G, ANOUAR F. Generalized discriminant analysis using a kernel approach[J]. Neural Computation, 2000, 12(10): 2385-2404.

[79] SCHÖLKOPF B, MIKA, BURGESCJ, et al. Input space versus feature space in kernel-based methods[J]. IEEE Transactions on Neural Networks, 1999, 10(5): 1000-1017.

[80] 张莉. 支撑矢量机与核方法研究 [D]. 西安电子科技大学, 2002.

[81] 周伟达. 核机器学习方法研究 [D]. 西安电子科技大学, 2003.

[82] XU R, WUNSCH D. Survey of clustering algorithms[J]. IEEE Transactions on Neural Networks, 2005, 16(3): 645-678.

[83] ZHANG D Q, CHEN S C. A comment on "Alternative C-means clustering algorithms"[J]. Pattern Recognition, 2004, 37(2): 173-174.

[84] KWOK J Y, TSANG I H. The pre-image problem in kernel methods[J]. IEEE Transactions on Neural Networks, 2004, 15(6): 1517-1525.

[85] ARIAS P, RANDALL G, SAPIRO G. Connecting the out-of-sample and pre-image problems in kernel methods[C]//2007 IEEE Conference on Computer Vision and Pattern Recognition. [s.l. : s.n.], 2007: 1-8.

[86] GOWER J C. Adding a point to vector diagrams in multivariate analysis[J]. Biometrika, 1968, 55(3): 582-585.

[87] CHAPELLE O, VAPNIK V, BOUSQUET O, et al. Choosing multiple parameters for support vector machines[J]. Machine Learning, 2002, 46(1): 131-159.

[88] BI L P, HUANG H, ZHENG Z Y, et al. New heuristic for determination Gaussian kernels parameter[C]//2005 International Conference on Machine Learning and Cybernetics: vol. 7. [s.l. : s.n.], 2005: 4299-4304.

[89] WANG W, XU Z, LU W, et al. Determination of the spread parameter in the Gaussian kernel for classi?cation and regression[J]. Neurocomputing, 2003, 55(3-4): 643-663.

[90] ZHANG D, CHEN S, ZHOU Z H. Learning the kernel parameters in kernel minimum distance classifier[J]. Pattern Recognition, 2006, 39(1): 133-135.

[91] AHMED M N, YAMANY S M, MOHAMED N, et al. A modified fuzzy C-means algorithm for bias field estimation and segmentation of MRI data[J]. IEEE Transactions on Medical Imaging, 2002, 21(3): 193-199.

[92] LIEW A, LEUNG S, LAU W. Fuzzy image clustering incorporating spatial continuity[J]. IEE Proceedings of Vision, Image and Signal Processing, 2000, 147(2): 185-192.

[93] CAO A, SONG Q, YANG X. Robust information clustering incorporating spatial information for breast mass detection in digitized mammograms[J]. Computer Vision and Image Understanding, 2008, 109(1): 86-96.

[94] SZILAGYI L, BENYO Z, SZILáGYI S M, et al. MR brain image segmentation using an enhanced fuzzy C-means algorithm[C]//Proceedings of the 25th annual international Conference

of the IEEE Engineering in Medicine and Biology Society (IEEE Cat. No. 03CH37439): vol. 1. [s.l. : s.n.], 2003: 724-726.

[95] ZHU S C, MUMFORD D. Prior learning and Gibbs reaction-di?usion[J]. IEEE Transactions on Pattern Analysis and Machine Intelligence, 1997, 19(11): 1236-1250.

[96] 颜刚, 陈武凡, 冯衍秋. 广义模糊 Gibbs 随机场与 MR 图像分割算法研究 [J]. 中国图象图形学报, 2005, 10(9): 1082-1088.

[97] SALZENSTEIN F, COLLET C. Fuzzy Markov random fields versus chains for multispectral image segmentation[J]. IEEE Transactions on Pattern Analysis and Machine Intelligence, 2006, 28(11): 1753-1767.

[98] CHEN J L, GUNN S R, NIXON M S, et al. Markov random field models for segmentation of PET images[C]//Biennial International Conference on Information Processing in Medical Imaging. [s.l. : s.n.], 2001: 468-474.

[99] AHMED M N, YAMANY S M, FARAG A A, et al. Bias field estimation and adaptive segmentation of MRI data using a modi?ed fuzzy C-means algorithm[C]//1999 IEEE Computer Society Conference on Computer Vision and Pattern Recognition: vol. 1. [s.l. : s.n.], 1999: 250-255.

[100] 廖亮, 林土胜, 张卫东. 基于静电力方法的主动轮廓模型的脑部 MRI 图像分割 [J]. 生物医学工程学杂志, 2008(4): 770-773.

[101] SLED J G, ZIJDENBOS A P, EVANS A C. A nonparametric method for automatic correction of intensity nonuniformity inMRI data[J]. IEEE Transactions on Medical Imaging, 1998, 17(1): 87-97.

[102] PRIMA S, AYACHE N, BARRICK T, et al. Maximum likelihood estimation of the bias field in MR brain images: Investigating diffrent modelings of the imaging process[C]//International Conference on Medical Image Computing and Computer-assisted Intervention. [s.l.]: Springer, 2001: 811-819.

[103] SIJBERS J, den DEKKER A J, SCHEUNDERS P, et al. Maximum-likelihood estimation of Rician distribution parameters[J]. IEEE Transactions on Medical Imaging, 1998, 17(3): 357-361.

[104] VOVK U, PERNUŠ F, LIKAR B. MRI intensity inhomogeneity correction by combining intensity and spatial information[J]. Physics in Medicine & Biology, 2004, 49(17): 4119.

[105] GUILLEMAUD R, BRADYM. Estimating the bias field of MR images[J]. IEEE Transactions on Medical imaging, 1997, 16(3): 238-251.

[106] VOVK U, PERNUS F, LIKAR B. A review of methods for correction of intensity inhomogeneity in MRI[J]. IEEE Transactions on Medical Imaging, 2007, 26(3): 405-421.

[107] ARNOLD J B, LIOW J S, SCHAPER K A, et al. Qualitative and quantitative evaluation of six algorithms for correcting intensity nonuniformity effects[J]. NeuroImage, 2001, 13(5): 931-943.

[108] MEYER C R, BLAND P H, PIPE J. Retrospective correction of intensity inhomogeneities in MRI[J]. IEEE Transactions on Medical Imaging, 1995, 14(1): 36-41.

[109] SLED J G, ZIJDENBOS A P, EVANS A C. A comparison of retrospective intensity non-uniformity correction methods for MRI[C]//Biennial International Conference on Information Processing in Medical Imaging. [s.l. : s.n.], 1997: 459-464.

[110] DAWANT B M, ZIJDENBOS A P, MARGOLIN R A. Correction of intensity variations in MR images for computer-aided tissue classi?cation[J]. IEEE Transactions on Medical Imaging, 1993, 12(4): 770-781.

[111] JOHNSTON B, ATKINS M S, MACKIEWICH B, et al. Segmentation of multiple sclerosis lesions in intensity corrected multispectral MRI[J]. IEEE Transactions on Medical Imaging, 1996, 15(2): 154-169.

[112] WICKS D A, BARKER G J, TOFTS P S. Correction of intensity nonuniformity in MR images of any orientation[J]. Magnetic Resonance Imaging, 1993, 11(2): 183-196.

[113] SHATTUCK D W, SANDOR-LEAHY S R, SCHAPER K A, et al. Magnetic resonance image tissue classification using a partial volume model[J]. NeuroImage, 2001, 13(5): 856-876.

[114] SIMMONS A, TOFTS P S, BARKER G J, et al. Sources of intensity nonuniformity in spin echo images at 1.5 T[J]. Magnetic Resonance in Medicine, 1994, 32(1): 121-128.

[115] AXEL L, COSTANTINI J, LISTERUD J. Intensity correction in surface-coil MR imaging[J]. American Journal of Roentgenology, 1987, 148(2): 418-420.

[116] BREY W W, NARAYANA P A. Correction for intensity falloff in surface coil magnetic resonance imaging[J]. Medical Physics, 1988, 15(2): 241-245.

[117] NARAYANA P, BREY W, KULKARNI M, et al. Compensation for surface coil sensitivity variation in magnetic resonance imaging[J]. Magnetic Resonance Imaging, 1988, 6(3): 271-274.

[118] LAI S H, FANG M. A dual image approach for bias field correction in magnetic resonance imaging[J]. Magnetic Resonance Imagin, 2003, 21(2): 121-125.

[119] Mihara H, Iriguchi N, Ueno S. A method of RF inhomogeneity correction in MR imaging[J]. Magnetic Resonance Materials in Physics, Biology and Medicine, 1998, 7(2): 115-120.

[120] PRUESSMANN K P, WEIGERM, SCHEIDEGGERMB, et al. SENSE: sensitivity encoding for fast MRI[J]. Magnetic Resonance in Medicine: An Offcial Journal of the International Society for Magnetic Resonance in Medicine, 1999, 42(5): 952-962.

[121] CHIOU J Y, AHN C B, MUFTULER L T, et al. A simple simultaneous geometric and intensity correction method for echo-planar imaging by EPI-based phase modulation[J]. IEEE transactions on medical imaging, 2003, 22(2): 200-205.

[122] THOMAS D L, DE VITA E, DEICHMANN R, et al. 3D MDEFT imaging of the human brain at 4.7 T with reduced sensitivity to radiofrequency inhomogeneity[J]. Magnetic Resonance in Medicine: An Official Journal of the International Society for Magnetic Resonance in Medicine, 2005, 53(6): 1452-1458.

[123] BRINKMANN B H, MANDUCA A, ROBB R A. Optimized homomorphic unsharp masking for MR grayscale inhomogeneity correction[J]. IEEE Transactions on Medical Imaging, 1998, 17(2): 161-171.

[124] LEWIS E B, FOX N C. Correction of differential intensity inhomogeneity in longitudinal MR images[J]. Neuroimage, 2004, 23(1): 75-83.

[125] ZHUGE Y, UDUPA J K, LIU J, Scale-based method for correcting background intensity variation in acquired images//Medical Imaging 2002: Image Processing: vol. 4684. [s.l. : s.n.], 2002: 1103-1111.

[126] VEMURI P, KHOLMOVSKI E G, PARKER D L, et al. Coil sensitivity estimation for optimal SNR reconstruction and intensity inhomogeneity correction in phased array MR imaging[C]//Biennial International Conference on Information Processing in Medical Imaging. [s.l. : s.n.], 2005: 603-614.

[127] WELLS W M, GRIMSON W E L, KIKINIS R, et al. Adaptive segmentation of MRI data[J]. IEEE Transactions on Medical Imaging, 1996, 15(4): 429-442.

[128] ANDERSEN A H, ZHANG Z, AVISON M J, et al. Automated segmentation of multispectral brain MR images[J]. Journal of Neuroscience Methods, 2002, 122(1): 13-23.

[129] GISPERT J D, REIG S, PASCAU J, et al. Inhomogeneity correction of magnetic resonance images by minimization of intensity overlapping[C]//Proceedings 2003 International Conference on Image Processing (Cat. No. 03CH37429): vol. 2. [s.l. : s.n.], 2003: II-847.

[130] GISPERT J D, REIG S, PASCAU J, et al. Method for bias field correction of brain T1-weighted magnetic resonance images minimizing segmentation error[J]. Human Brain Mapping, 2004, 22(2): 133-144.

[131] LI X, LI L, LU H, et al. Partial volume segmentation of brainmagnetic resonance images based on maximum a posteriori probability[J]. Medical Physics, 2005, 32(7-Part-1): 2337-2345.

[132] VAN LEEMPUT K, MAES F, VANDERMEULEN D, et al. Automated segmentation of multiple sclerosis lesions bymodel outlier detection[J]. IEEE Transactions on Medical Imaging, 2001, 20(8): 677-688.

[133] LIKAR B, VIERGEVER M A, PERNUS F. Retrospective correction of MR intensity inhomogeneity by information minimization[J]. IEEE Transactions on Medical Imaging, 2001, 20(12): 1398-1410.

[134] BANSAL R, STAIB L H, PETERSON B S. Correcting nonuniformities in MRI intensities using entropy minimization based on an elastic model[C]//International Conference on Medical Image Computing and Computer-assisted Intervention. [s.l. : s.n.], 2004: 78-86.

[135] VOVK U, PERNU F, LIKAR B. Intensity inhomogeneity correction of multispectral MR images[J]. Neuroimage, 2006, 32(1): 54-61.

[136] LIEW A C, YAN H, LAW N F. Image segmentation based on adaptive cluster prototype estimation[J]. IEEE Transactions on Fuzzy Systems, 2005, 13(4): 444-453.

[137] 田小林, 焦李成, 缑水平. 基于 PSO 优化空间约束聚类的 SAR 图像分割 [J]. 电子学报, 2008, 36(3): 453.

[138] SHEN S, SANDHAM W, GRANAT M, et al. MRI fuzzy segmentation of brain tissue using neighborhood attraction with neural-network optimization[J]. IEEE Transactions on Information Technology in Biomedicine, 2005, 9(3): 459-467.

[139] LIEW A C, LEUNG S H, LAU W H. Segmentation of color lip images by spatial fuzzy clustering[J]. IEEE Transactions on Fuzzy Systems, 2003, 11(4): 542-549.

[140] SOBOTTKA K, PITAS I. A novel method for automatic face segmentation, facial feature extraction and tracking[J]. Signal Processing: Image Communication, 1998, 12(3): 263-281.

[141] PAPAMARKOS N, ATSALAKIS A. Gray-level reduction using local spatial features[J]. Computer Vision and Image Understanding, 2000, 78(3): 336-350.

[142] HOYER P O, HYVÄRINEN A. Independent component analysis applied to feature extraction from colour and stereo images[J]. Network: Computation in Neural Systems, 2000, 11(3): 191.

[143] COHEN M S, DUBOIS R M, ZEINEH M M. Rapid and effective correction of RF inhomogeneity for high field magnetic resonance imaging[J]. Human Brain Mapping, 2000, 10(4):204-211.